人民防空工程设计丛书

人民防空工程电气设计

方志刚　任俊宏　崔陈华　李建民等　编著

中国计划出版社

图书在版编目（CIP）数据

人民防空工程电气设计/方志刚等编著. —北京：中国计划出版社，2006. 8
（人民防空工程设计丛书）
ISBN 7-80177-690-9

Ⅰ. 人...　Ⅱ. 方...　Ⅲ. 人防工程－电气设备－建筑设计　Ⅳ. TU927

中国版本图书馆 CIP 数据核字（2006）第 058890 号

人民防空工程设计丛书
人民防空工程电气设计
方志刚　任俊宏　崔陈华　李建民等　编著
☆
中国计划出版社出版
（地址：北京市西城区木樨地北里甲 11 号国宏大厦 C 座 4 层）
（邮政编码：100038　电话：63906433　63906381）
新华书店北京发行所发行
三河富华印刷包装有限公司印刷

787×1092 毫米　1/16　12.25 印张　306 千字
2006 年 8 月第一版　2006 年 8 月第一次印刷
印数 1—3000 册
☆
ISBN 7-80177-690-9/TU・442
定价：32.00 元
（内部发行）

《人民防空工程设计丛书》编审人员名单

主　　编： 李刻铭　李建民　吴　涛

编写人员：（按丛书顺序，排名不分先后）

杨延军　吴　涛　曹继勇　马吉民　丁志斌
方志刚　邢建春　周壁华　李建民　谢金容
张尚根　朱培根　任俊宏　石立华　王　平
耿世彬　崔陈华　王双庆　杨启亮　李刻铭
郭春信　刘　广　徐其威　王春明　梁德新
唐友怀　陈　彬　高　成　戴佑斌　顾建新

主　　审： 吴步旭　太史功勋　常守民

审查人员：（按丛书顺序，排名不分先后）

朱忠吉　王年桥　刘新宇　常守民　余有山
陈松华　吴步旭　袁正如　尧　勇　杨盛旭
刘凤田　杨腊梅　程宝义　缪小平　郭春信
郭海林　王金全　周壁华　石立华　太史功勋
李建民　吴　涛　丁志斌　邢建春　李刻铭
杨延军　曹继勇　马吉民　王　平　方志刚

编写单位： 解放军理工大学工程兵工程学院

协编单位： 江苏高科应用科学研究所

序

改革开放以来，城市地下空间的开发与利用越来越受到人们的重视，人们对城市综合防灾抗灾、防空袭能力的要求也越来越高。随着我国国民经济的高速持续发展，城市建设规模和建设水平不断地提高，作为与经济建设协调发展、与城市建设相结合的人民防空工程建设，尤其是人民防空地下室工程的建设将得到空前的发展。

由于种种原因，有关人民防空工程设计和管理方面的专业图书资料很少。在中国计划出版社的大力支持下，全国唯一培训人防工程专业人才的解放军理工大学工程兵工程学院，依靠自身优势和专业特点，结合当前人防工程建设发展的实际需要，以及近年来我国人防科研成果及相关文献资料，根据学院及相关单位长期从事人防工程教学、设计及工程实践所积累的经验和成果，从人民防空工程的概论、建筑、结构、通风空调、给水排水、电气、智能系统以及电磁脉冲防护等八个方面，全面系统地论述了人防工程的基本概念、设计原理、设计方法和设计要求，这是我国第一套有关人民防空工程设计方面的专业丛书。

相信这套丛书的出版对我国人防工程的建设将起到积极地推动作用，对人防工程设计、审查和管理的相关工程技术人员，是一套不可或缺的实用工具书，也是一套高校人防工程专业不可多得的实用设计教程。

中国工程院院士 钱七虎

二〇〇六年六月二十六日

前　言

近年来，随着我国国民经济高速、持续地发展，城市建设的规模和水平不断地提高，城市地下空间的利用越来越受到人们的重视。与此同时，人们对城市防灾抗灾、防空袭的认识也不断地增强，我国人民防空事业也进入了自二十世纪六七十年代以来的第二个蓬勃发展的高潮，作为人民防空事业物质基础的人民防空工程（简称人防工程），特别是作为城市人防工程重要组成部分的人民防空地下室的建设总量和规模不断地增大，建设水平也不断地提高。

由于人防工程设计的特殊性和专业性，要设计出“防护可靠、经济合理、平战两用”的人防工程就要求设计人员掌握必要的人防工程设计专业知识。由于历史的原因和涉密方面的限制，目前供从事人防工程设计和管理人员使用的专业图书资料很少，这也给防空地下室设计和设计审查管理人员带来了很大的困难和诸多不便。

根据建设部“2005 年工程建设标准规范制订、修订计划（第一批）”和国家人民防空办公室“人民防空科学技术研究第十个五年计划”的要求，按照 2003 年新修订的“人民防空工程战术技术要求”，人防工程设计规范进行了全面修订，《人民防空工程设计规范》GB 50225—2005 和《人民防空地下室设计规范》GB 50038—2005 自 2006 年 3 月 1 日正式颁布实施，它们代表了我国在人防工程建设方面的最新研究成果。

本套丛书以上述两本设计规范为主要依据，结合当前人防工程建设发展的实际需要，汲取了国内外先进的科研成果和有关文献资料，将解放军理工大学工程兵工程学院长期从事人防工程教学、科研、设计及工程实践的经验与体会加以整理归纳，从概论、建筑、结构、通风空调、给水排水、电气、智能系统以及电磁脉冲防护等八个方面，即《人民防空工程概论》、《人民防空地下室建筑设计》、《人民防空地下室结构设计》、《人民防空工程通风空调设计》、《人民防空工程给水排水设计》、《人民防空工程电气设计》、《人民防空工程智能化系统设计》和《人民防空工程核电磁脉冲防护设计》（该册已由国防工业出版社出版)，全面、系统地论述了人防工程的基本概念、设计原理、设计方法和设计要求。这套丛书的编写几乎是与上述两本规范的修订同步进行的，许多作者同时也是这两本规范的主编人员。丛书结构清晰，深入浅出，结合人防工程实例，重点阐述了设计原理与方法，所举工程实例都是常见的实际人防工程项目，具有一定的普遍性和针对性，是一套实用性很强的设计指导教程，也是我国出版的第一套有关人民防空工程设计方面的专业丛书。

本套丛书主要面向全国人防工程设计、审查、管理及其他相关工程技术人员，可作为人防工程设计、施工、监理及管理的培训教材，亦可作为人防工程相关专业的本科教材使用，对从事人防工程教学和科研人员具有一定的参考价值。

这套丛书的出版得到了工程兵工程学院许多教员尤其是一批老教授的指导和帮助，学院原院长李金勇少将、人防工程系原系主任金丰年教授给予了许多关心和鼓励，特别是中国工程院钱七虎院士为丛书欣然作序，在此表示由衷的谢意！

本书是《人民防空工程设计丛书》的电气设计部分，主要按照现行的《人民防空地下室设计规范》和《人民防空工程设计规范》等相关规范，结合工程实例阐述了人防工程有关电气设计方面的设计原理与方法。本书由绪论，负荷计算，电气主接线设计，柴油电站设计，电气设备的选择，低压配电，继电保护与测量仪表，电线、电缆的选择和敷设，动力配电设计，工程照明设计，防雷与接地，人防工程电气设计实例等12章内容组成。

本书由方志刚、任俊宏、崔陈华、李建民、徐其威、王春明、梁德新等编著，方志刚任主编，太史功勋、李刻铭、王金全等审阅。在本书编写过程中，还得到许多同行的热情支持和帮助，提供了不少宝贵意见及资料，在此深表谢意。

由于编者水平有限，错误和疏漏之处在所难免，恳请广大读者批评指正。

编　者

2006年4月于南京

目 录

1 绪 论

人民防空（civil air defense），是指国家根据国防的需要，动员和组织群众采取防护措施，防范和减轻空袭灾害（《中华人民共和国人民防空法》第一章第二条），简称“人防”。国外把保护平民不受战争灾害或自然灾害危害的救助行为简称为“民防”。

根据国防需要，人民防空包括两层含义：一是指和平时期人民防空的各项准备，必须以国防建设的需要为需要；二是指战时的人民防空活动，必须以国家政治、外交、军事斗争的全局需要为需要。

动员和组织群众采取防护措施，主要指：第一，群众自身采取的防护措施；第二，政府动员和组织群众采取集体防护措施。

防范和减轻空袭危害，主要是平时做好人民防空的各项准备；战时及时发出警报信号，有计划地组织伪装、掩蔽、疏散，防范敌人空袭的直接打击；对已经发生的空袭危害，通过群众自救、互救和组织人民防空专业队抢救、抢修，消除空袭后果，达到减轻空袭灾害的目的。

人民防空的任务，是动员和组织群众采取有效措施，与敌人空袭作斗争，保护人民生命和财产安全，保存战争潜力，保障社会主义现代化建设顺利进行。

根据1977年6月8日订于日内瓦的《1949年8月12日日内瓦第四公约关于保护国际性武装冲突受难者的附加议定书（第一议定书）》中关于民防的规定，“民防”是指在保护平民居民免受危害和帮助平民居民克服敌对行动或灾害的直接影响，并提供平民居民生存所需的条件的某些或全部下列15项人道主义任务：①发出警报；②疏散；③避难所的管理；④灯火管制措施的管理；⑤救助；⑥医疗服务，包括急救和宗教的援助；⑦救火；⑧危险地区的查明和标明；⑨清污染和类似保护措施；⑩提供紧急的住宿和用品；⑪在灾区内恢复和维持秩序的紧急救助；⑫紧急修复不可缺少的公共事业；⑬紧急处理死者；⑭协助保护生存所必需的物体；⑮为执行上述任务，包括但不限于计划和组织的补充活动。

1.1 人民防空工程建设

人民防空工程（以下简称人防工程），是战时掩蔽人员、物资以及保护人民生命和财产安全的重要场所，也是实施人民防空最重要的物质基础。人防工程包括为保障战时人员与物资掩蔽、人民防空指挥、医疗救护等而单独修建的地下防护建筑，以及结合地面建筑修建的战时可用于防空的地下室。

人防工程建设，是指人防工程及与人防工程配套的地面附属设施的新建（扩建、改建）、续建、加固改造及有关工作，是人民防空防护体系建设的重要内容，是城市人民保障自身安全的可靠手段，也是大多数国家主要的、耗资最大的民防准备活动。

1.1.1 人民防空工程建设的指导方针、原则

《中华人民共和国人民防空法》（以下简称《人民防空法》）明确规定：“人民防空实行

长期准备、重点建设、平战结合的方针，贯彻与经济建设协调发展、与城市建设相结合的原则”，这一方针、原则是统揽人民防空建设事业，具体组织与实施人民防空建设的基本依据和行动指南。长期准备，就是在和平时期，居安思危，有计划、有步骤地实施人民防空建设；重点建设，就是在服务经济建设大局的前提下，区分轻重缓急，有重点、有层次地实施人民防空建设；平战结合，就是人民防空建设要在平时和战时发挥作用，实现战备效益、社会效益、经济效益的统一。

新中国成立50多年来，党中央、国务院、中央军委始终把正确确定人民防空建设的任务、方针与原则，作为对全国人民防空建设事业实施宏观指导的首要问题。适时根据国家安全环境、战争形态的发展变化和国民经济发展的客观实际，从国家战略和军事战略的高度，科学、正确地确立了我国人民防空建设的任务、方针与原则。特别是改革开放以来，中央和地方各级人民政府着眼于高科技条件下局部战争和社会主义市场经济的特点与规律，把人民防空建设纳入经济建设和社会发展及城市建设总体规划，从过去依靠应急战备搞人民防空工程建设，转变到有计划、有重点地与经济建设和城市建设协调发展的轨道，人民防空建设事业取得了新的成就。

人防工程战时能有效的保护城市居民的重要设施，同时对开发利用城市地下空间，促进城市建设和经济发展，增强城市的综合防护能力都具有重要作用，人防工程建设也是城市建设的一个十分重要的组成部分，因此，人防工程建设必须“贯彻与经济建设协调发展、与城市建设相结合的原则”。

为充分发挥防空地下室的战备效益、社会效益和经济效益，在防空地下室建设中，必须坚持平战结合的方针，在建筑设计、结构选型、通风防潮、采光照明和给水排水等诸方面要兼顾战时和平时的需要，在设计中采用相应有效措施。

1.1.2 人民防空工程建设的目标和要求

人防工程建设的基本内容，包括人防指挥工程建设，公用的人员掩蔽工程和疏散干道工程建设，医疗救护、物资储备等专用工程建设，民用建筑防空地下室建设，城市的地下交通干道以及其他地下工程的人防配套设施建设。

（1）建设目标

人防工程建设总目标是：总体布局趋向合理，种类齐全配套，比例更加协调，平战转换设施更加完善。经过一段时间建设，全国人民防空重点城市平均掩蔽面积达到人均 $1.0m^2$ 或不少于 $2.0m^3$ 的地下空间。

（2）建设要求

《人民防空法》规定：“建设人民防空工程，应当在保证战时使用效能的前提下，有利于平时的经济建设、群众的生产生活和工程的开发利用。”据此，人民防空工程建设的要求是：规模适当，布局合理，防护可靠，功能完善，平战结合。可分解为人民防空工程目标、对单个人民防空工程建设和对人民防空工程体系建设的要求。

1）对人民防空工程目标要求。人防工程属于战备工程，人防工程的基本目标是战备目标，同时，人防工程在和平时期要发挥其投资效益，为城市经济、社会发展作贡献。因而，人防工程的从属目标是经济目标和社会目标。人防工程的战备目标是：在现有的经济技术条件下，为城市留城人员提供完善的、生存率高的掩蔽防护空间。通常，可用人防工程总面积、掩蔽率、人防工程体系配套率和防护效率四个指标来衡量。人防工程的经济目标是：在保障实现战备目标的前提下，在和平时期开发利用，尽可能获得较高的经济效益，从而促进人防工程建设的滚动发展和城市的经济建设。通常，可用人防工程体系总产值及总经济收益、单位面积人防工程产值及经济收益和投资收益率三个指标来衡量。人防工程的社会目标是：在保障战备效率的前提下，在和平时期开发利用，为社会服务，尽可能提供较高的社会效益。人防工程的社会服务功能主要体现在提高城市平时的防灾抗毁能力，满足城市商业、交通、文化娱乐等方面的需求和为城市提供就业岗位。人防工程可部分地用定量指标来衡量，同时，也还需进行定性分析和描述。常用的定量指标有：平时开发使用面积、用于重要项目的开发使用面积、就业岗位等。

人防工程战时的战备效益和平时的经济效益、社会效益基本上是一致的。概括地说，人防工程的规模大，布局合理，各单项工程符合设计和建设标准要求，则三个效益都会比较高。但具体的人防工程项目，其战备效益、经济效益和社会效益之间可能会有矛盾。一般说，矛盾发生在工程选址、平面布局以及出入口位置、形状、尺寸等方面。在这种情况下，应在确保达到战备目标的前提下，尽可能地改善其平时的开发使用效能，使其具有较高的经济效益、社会效益。只要不断提高人防工程的设计水平和发展人防工程防护功能平战转换的技术，这一要求是可以达到的。

2）对单个人防工程建设的要求。可归纳为：防护可靠、保障使用、适于生存三项。防护可靠，是指对空袭的毁伤效应及次生灾害，具有较高的防护能力；保障使用，是指人防工程在战时能为其掩蔽的各类人员提供必要的使用条件，如内部空间条件、设备设施条件等；适合生存，是指战时人防工程内拥有较好的环境条件，如设置通风、给水排水和电气三个设备系统，以保障人员的生存。

3）对人防工程体系建设的要求。可归纳为：规模适当、布局合理、防护可靠、功能完善、平战结合，要求为留城人员每人修建有一个掩蔽位置，即每人建有 $1.0m^2$ 面积（不小于 $2.0m^3$ 的地下空间）符合防空要求的地下掩蔽工程。在车站、码头、机场、公园、商场、学校、办公等公共场所建设公用人防工程，保证城市遭受空袭时流动人员掩蔽。布局合理，就是要求城市及辖属各区、各行业系统的防护分区，各类人防工程的位置合理，布局大体均衡。人员掩蔽工程要在离居民就近的位置，专业工程队伍要配在便于机动，便于迅速执行任务的地点，各主要人防工程之间以干道连通，保障疏散通道顺畅。防护可靠，就是要求所有的防护工程，都必须按照国家规定的防护标准和质量标准修建，保证防护工程质量。功能完善，就是要保证战时人员在人防工程内生存的基本环境条件，要配置通风、给排水和电气三个设备系统。战时还应配置防化设备和器材，备用蜡烛、灯具、大型人防工程还应自备发电设备及水源，以保证人员的基本生存条件。平战结合，就是平时要充分开发利用已建人防工程设施，为国家经济建设和城市居民的生产、生活服务，以用促管，维护好人防工程，提高社会效益和经济效益。同时要做好平战功能的准备，保证一有战争立即转换为战时使用功能，及时搬出平时使用的物品，清理出人员掩蔽的空间，按战时防护的要求迅速加固、封堵平时预留的防护门、防护墙。城市地下交通和其他地下工程建设以及地下空间开发利用，都必须兼顾人民防空的需要，符合人民防空的要求，保证战时能够用作人员、物资掩蔽工程。

1.1.3 人民防空地下室建设

人民防空地下室（简称防空地下室，以下同）是结合地面建筑修建的战时用于掩蔽人员和物资的人防工程。防空地下室是人防工程的重要组成部分，与其他类型人防工程一样，防空地下室具有国家规定的防护能力和各项战时防空功能。

防空地下室建设，是指住宅、旅馆、招待所、商场、大专院校教学楼和办公、科研、医疗用房等民用建筑，应按照国家规定修建战时可用于防空的地下室。结合城市新建民用建筑修建战时可用于防空的地下室，是战时保障城市居民就近就地掩蔽，减少损失的重要途径。

由于防空地下室便于进人，设计抗力相对较低，投资费用较低，注重防空地下室建设成为世界各国普遍采用的做法。世界上许多国家认为，在现代战争中，由于武器的杀伤、破坏威力大，战争中人员所面临的危险大，而且多种多样，因此，第二次世界大战后，各国不惜花费大量投资修建防空掩蔽部，目前仍在继续修建。美国民防掩蔽部可容纳人数占总人口的80%，全国11个城市的地铁约有1100km，纽约市长达255km，可掩蔽450万人。俄罗斯民防工程可掩蔽全国人口的80%左右，莫斯科地铁战时可掩蔽350万人。瑞士民防掩蔽部可容纳人数占总人口的89%，以色列民防掩蔽部可容纳人数占总人口的100%，瑞典民防掩蔽部可容纳人数占总人口的88%。各国修建民防工程的做法，除国家拨专款有计划地修建一些单建式骨干工事外，主要是结合民用建筑修建防空地下室和结合经济建设、城市建设平战两用的民防工事。如地下铁道、地下街、地下物质库、地下车间、公用建筑和私人住宅地下室等，特别重视在住宅下面建地下室。如美国，75%的住宅都有地下室。英国《民防法》规定："新建楼房均应设计地下室，从1980年开始执行家庭掩蔽部计划，标准至少$1m^2$/人，净空高度不低于2m。"法国《民防法》规定，强制5万人口以上的城镇，都要修建防空地下室。目前，我国对民用建筑修建防空地下室建设也有明确的规定。

1.2 人防工程的分类分级

1.2.1 人防工程的分类

（1）按施工方法和所在环境条件分类

按施工方法和所在环境条件，人防工程可分为：坑道式、地道式、掘开式和附建式。见图1-1。

1）坑道式：建筑于山地或丘陵地，其大部分主体地面与出入口基本呈水平的暗挖式人防工程。

2）地道式：建筑于平地，其大部分主体地面明显低于出入口的暗挖式人防工程。

3）掘开式：采用明挖法施工建造，其上方没有永久性地面建筑物的人防工程，也称单建掘开式。

4）附建式：具有战时防空能力的地下室。即采用明挖法施工建造，而且在其上方建有永久性地面建筑物的人防工程。

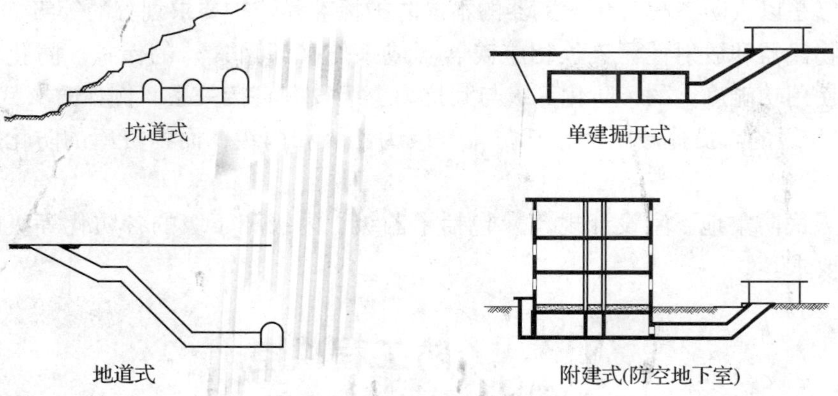

图 1-1 人防工程分类（按施工方案和所在环境条件）

（2）按战时使用功能分类

按战时使用功能，人防工程可以分为：指挥通信工程、医疗救护工程、防空专业队工程、人员掩蔽工程和配套工程五大类。

1）指挥通信工程：即各级人防指挥所。人防指挥所是保障人防指挥机关战时能够不间断工作的人防工程。

2）医疗救护工程：医疗救护工程是战时为抢救伤员而修建的医疗救护设施。医疗救护工程根据作用的不同可分为三等，一等为中心医院，二等为急救医疗，三等为救护站。

3）防空专业队工程：防空专业队工程是战时保障各类专业队掩蔽和执行勤务而修建的人防工程。根据《人民防空法》规定，防空专业队伍包括抢险抢修、医疗救护、消防、治安、防化防疫、通信、运输七种。其主要任务是：战时担负抢险抢修、医疗救护、防火灭火、防疫灭菌、消毒和消除沾染、保障通信联络、抢救人员和抢运物资、维护社会治安等任务，平时协助防汛、防震等部门担负抢险救灾任务。

4）人员掩蔽工程：战时供人员掩蔽使用的人防工程。根据使用对象的不同，人员掩蔽工程分为两等，一等人员掩蔽工程是为战时坚持生产和工作的留城人员掩蔽的工程；二等人员掩蔽工程是为战时留城的居民提供掩蔽的工程。

5）配套工程：战时用于协调防空作业的保障性工程，主要有：区域电站、供水站、食品站、生产车间、疏散干（通）道、警报站、核生化监测中心等。

1.2.2 人防工程的分级

（1）抗力分级

人防工程的抗力等级主要用以反映人防工程能够抵御敌人核、生、化和常规武器袭击能力的强弱，是一种国家设防能力的体现。抗力等级按防核爆炸冲击波地面超压的大小和不同口径常规武器的破坏作用划分。人防工程的抗力等级与其建筑类型之间有着一定的关系，但没有直接关系。即人防工程的使用功能与其抗力等级之间虽有某种联系，但它们之间并没有一一对应的关系。如人员掩蔽工程防核武器抗力等级可以是 5 级、6 级，也可以是 6B 级。

(2) 防化分级

防化分级是以人防工程对化学武器的不同防护标准和防护要求划分的等级，防化等级也反映了对生物武器和放射性污染等相应武器（或杀伤破坏因素）的保护。防化等级是依据人防工程的使用功能确定的，防化等级与其抗力等级没有直接关系，例如防核武器抗力为5级、6级和6B级的人员掩蔽工程，其防化等级为乙级和丙级，而物资库的防化等级则为丁级。

现行《人民防空地下室设计规范》包括了乙级、丙级和丁级的各防化等级的有关防护标准和防护要求。

1.3 人防工程供电

1.3.1 供电在人防工程中的作用和特点

随着科学技术的飞速发展，各种现代化武器大量涌现，其杀伤破坏作用达到了空前的程度。即使一些常规武器，也由于不断改进，使其杀伤破坏作用大大提高。为适应现代战争和防护现代化武器的需要，许多战略设施纷纷转入地下。目前世界各国都在大量构筑地下工程。

战争的经验告诉我们，要可靠地保存军队的有生力量和国家的战争潜力，必须建立以国防工程为主体，以永备工事为骨干，紧密结合野战工事和人防工事的大纵深的防护工程体系。解放以后，我国根据积极防御的战略思想，防护工程建设得到了不断发展，取得了很大成绩，积累了丰富的经验。尤其1964年以来我们进行的多次核武器试验，为防护工程设计和建设提供了极其重要的数据和资料，使防护工程的建设有了科学的依据，得到了飞速的发展。

从工程防护的观点来看，人防工程土建部分无疑是防护工程的主体，它决定着工程的防护能力，保证了工程的安全。我们的战略方针是积极防御，而不是消极防御。在战争中，保存自己并不是目的，保存自己的最终目的是更好地消灭敌人，取得战争的胜利。因此，每个人防工程除必须具备一定的防护能力以外，还必须根据各种工程的特点发挥自己的战斗作用。例如：指挥工程战时要负担重要的指挥任务；通信工程要负担战时的通信联络任务，保证通信畅通无阻；人员物资掩蔽工程战时要负担人员物资掩蔽。在现代战争条件下，所有这些战斗作用的发挥都离不开可靠的电力供应。此外，大部分人防工程中，为了保证工程内部人员和设备的正常工作和运行，都设有必要的照明、通风、空调、给排水等设备；有些工程还有各种自动控制系统、报警系统、“三防”系统等，这一切设施，也都离不开电力。人防工程中的电能供应在整个工程中占有极为重要的地位。它的系统的优劣、可靠程度都将直接影响工程的安全和战斗作用的发挥。因此，供电设计是人防工程设计中极其重要的组成部分。

根据供电系统在人防工程中的地位和作用。不难看出，人防工程的电力系统具备以下显著特点：

(1) 供电可靠性高

由于人防工程电力系统担负着战时指挥、通信联络、人员掩蔽等重要任务的电能供应，供电可靠与否直接影响作战任务的完成。尤其对一些重要的首脑指挥、通信工程，更要求不间断地供电。如果在战时停电几分钟、甚至几秒钟都将导致指挥停顿，通信中断，严重时可能贻误战机，造成严重后果，带来不可弥补的损失。因此，供电可靠性要求高是人防工程的一个重要特点，在设计中必须予以充分注意。

(2) 相对湿度大

一般人防工程都深埋地下，这就使工程内部相对湿度比地面工程要大得多。同时会影响各种电气设备的绝缘性能，使绝缘电阻下降，影响电气设备的使用寿命；长期处于潮湿环境中的金属材料会严重锈蚀，也将大大降低电气设备的使用寿命。因此，在设计中必须充分考虑人防工程的这一特点，尽量选用防潮、防霉的两防产品，增强电气设备的抗腐蚀能力。对平时不用的工程，必须加强维护管理，采取有效措施，防止电气设备的霉变，以确保战时的正常使用。

(3) 要考虑平战结合

由于现代战争中，尖端武器的使用，常规武器的更新，战时运输工具的改进，机动能力的增强，大大提高了战时的行动速度。因此，现代战争在作战行动上将表现出高度的突然性和快速性，在时间上将表现为速战速决，持续时间缩短。许多人防工程，为了提高经济效益，都作为平战结合的工程。为了确保这类工程始终处于良好的战斗准备状态，必须经常进行维护，这将要消耗大量的人力物力。所以在建设人防工程时，除要满足战术技术要求外，还必须考虑平时维护管理的方便，兼顾平时和战时两种运行状态，达到灵活、适用、经济合理。

1.3.2 供电质量的主要指标

(1) 可靠性

人防工程供电可靠性是检验供电质量的最重要指标，它决定了整个供电系统是否满足战术技术要求，它将直接关系到工程战时作用的发挥。根据各种工程在战时的地位和作用不同，对供电可靠性要求也不同。

在同一工程中，由于各种用电负荷所担任的任务不同。对供电可靠性的要求也不相同，人防工程中的电力负荷可分为三级：

Ⅰ级负荷：凡是因突然停电将严重影响作战指挥和通信联络的正常工作、影响工程的安全或造成机械设备的损坏者，均称为Ⅰ级负荷。如重要的收发讯设备、广播机械、重要房间的照明、柴油机冷却水泵和继电保护控制电源等。对这类负荷，为保证其供电可靠性，通常采用双电源、双回路在负荷侧自动切换的供电系统。

Ⅱ级负荷：虽然停电造成的后果与上述相同，但是它允许有短时停电。如循环风机、进、排风机，对Ⅰ级通信设备的冷却风机或水泵、电站自用电等。这类负荷可以采用双电源、双回路负荷侧切换供电系统。当负荷距电源较近时，如电站自用电，也可以采用双电源单回路供电系统。

Ⅲ级负荷：当停电后造成人员工作和生活不便和困难，但不致影响作战指挥和主要通信联络的负荷。如降温、采暖设备、一般给排水泵、部分工作照明、机修设备、生活、维护用电等。对这类负荷，通常在供电可靠性方面无特殊要求，一般采用单回路供电即可，当电源容量不足时，应首先切除该类负荷，以保证重要负荷的正常供电。

因此，在进行供电设计时，片面强调提高供电可靠性是不恰当的，必须根据工程的性质、各种负荷类别的具体战术技术要求来确定最佳的供电系统，使系统既能满足战时要求，又能节省不必要的投资。

（2）电压质量

电压质量是人防工程供电质量的又一重要指标。

我们知道，任何用电设备最理想的工作电压，也就是最佳发挥其技术经济效益的电压是其额定电压，这个额定电压通常应与电网的额定电压相一致。但是由于网路中电压损失的影响，网络中各处的电压并不是相同的，由于负荷的变化，电压损失也不可能维持在一个恒定的数值上。因此要使加在用电设备处的电网电压与用电设备的额定电压始终保持一致，既不可能，也无此必要。但如果在用电设备上的网络实际电压与用电设备的额定电压差别较大时，会对用电设备有很大危害。例如：当加在白炽灯上的电压低于额定电压10%时，其发光效率将下降30%以上。

对人防工程中动力设备常用的电动机而言，当电压降低时，其转矩将急剧减小。例如当电压降低20%，其转矩将降低到额定值的64%，电流将增加20%～35%，温度升高12～15℃。转矩减小使电动机转速降低，甚至停转；滑差增大致使有功功率损耗增加，线圈过热，使绝缘迅速老化，甚至烧坏；当电压偏高时，负荷电流和温升一般也要增加，绝缘将受到损坏，对电机也是不利的。

因此，供电设计中，必须保证各种用电设备对电压的基本要求：

1）照明灯具的端电压，不应比额定电压高5%，低2.5%，在特殊情况下允许低5%。

2）电动机的端电压，通常不应超过额定电压的±5%，对个别较远的电动机也不应低于额定电压的10%。

3）12～48V照明灯具的端电压，不应低于额定电压的10%。

4）通信负荷的端电压，不应比额定电压高3%，低5%。

5）电热负荷的端电压，不应比额定电压高5%，低10%。

6）为满足用电设备对电压质量的要求，应按当地外电源的实际运行情况选择变压器的变比和分接头。当外电源电压不能满足用电设备端电压的要求时，应尽量选用有载调压变压器。

7）内部电源应采用调压精度高的自动励磁装置，以满足用电设备对电压质量的要求。

（3）频率

我国工业上的标准频率为50Hz，绝大多数用电设备的额定频率均为50Hz。如果电网在低频率下运行时，所有用户的交流电动机转速都将相应降低。例如当频率降至48Hz时，电动机转速将降低4%，这将直接影响设备的正常工作。有些设备，如计算机还可能发生误计算、误打印和信号误指示等。此外，频率的变化对电力系统运行的稳定性也有很大影响。因此，人防工程供电设计中对频率的要求很严格，一般不得超过±0.5Hz。

1.4 基础资料

1.4.1 一般电气工程设计程序

电气工程设计程序可根据工程项目的任务书及上级主管部门批准文件进行设计，一般电气工程设计程序见表1-1。

表 1-1 一般电气工程设计程序

工程性质	设计阶段
一般工程项目	初步设计
	施工图设计
大型和重要的工程项目	方案设计
	初步设计
	施工图设计
小型和技术要求简单的工程项目	方案设计
	施工图设计

1.4.2 人防工程电气方案、初步设计及施工图设计文件编制深度

(1) 可行性研究阶段人防工程电气方案设计文件编制深度（表 1-2）

表 1-2 人防工程电气方案设计文件编制深度

人防工程电气方案设计原则	1. 应满足编制初步设计文件的需要； 2. 宜因地制宜正确选用国家、行业和地方人防工程标准设计； 3. 当设计合同对设计文件编制深度另有要求时，设计文件编制深度应同时满足设计合同的要求	
设计说明	设计范围	本工程拟设置的电气系统
	变、配电系统	1. 确定负荷级别：一、二、三级负荷的主要内容； 2. 负荷估算； 3. 电源：根据负荷性质和负荷量，要求外供电源的回路数、容量、电压等级； 4. 变、配电所：位置、数量、容量
	应急电源系统	确定备用电源和应急电源型式
	照明、防雷、接地、智能化设计的相关系统内容	

(2) 人防工程电气初步设计文件编制深度（表 1-3）

表 1-3 人防工程电气初步设计文件编制深度

设计原则	1. 应满足编制施工图设计文件的需要； 2. 宜因地制宜正确选用国家、行业和地方人防工程标准设计； 3. 当设计合同对设计文件编制深度另有要求时，设计文件编制深度应同时满足设计合同的要求

续表 1-3

设计内容	设计说明	设计依据	1. 人防工程概况：应说明类别、性质、面积、层数、高度等； 2. 相关专业提供给本专业的工程设计资料； 3. 建设方提供的有关职能部门（如：供电部门、消防部门、通信部门、公安部门等）认定的工程设计资料，建设方设计要求； 4. 本工程采用的主要标准及法规
		设计范围	1. 根据设计任务书和有关设计资料，说明本专业的设计工作内容和分工； 2. 本工程拟设置的电气系统
		变、配电系统	1. 确定负荷等级和各类负荷容量； 2. 确定供电电源及电压等级，电源由何处引来，电源数量及回路数、专用线或非专用线、电缆埋地或架空、近远期发展情况； 3. 备用电源和应急电源容量确定原则及性能要求，有自备发电时说明启动方式及与市电网关系； 4. 高、低压供电系统结线型式及运行方式；正常工作电源与备用电源之间的关系；母线联络开关运行和切换方式；变压器之间低压侧联络方式；重要负荷的供电方式； 5. 变、配电室的位置、数量、容量（包括设备安装容量，计算有功、无功、视在容量，变压器台数、容量）；设备技术条件和选型要求； 6. 继电保护装置的设置； 7. 电能计量装置：采用高压或低压；专用柜或非专用柜（满足供电部门要求和建设方内部核算要求）；监测仪表的配置情况； 8. 功率因数补偿方式：说明功率因数是否达到供用电规则的要求，应补偿容量和采取的补偿方式和补偿前后的结果； 9. 操作电源和信号：说明高压设备操作电源和运行信号装置配置情况； 10. 工程供电：高、低压进出线路的型号及敷设方式
		配电系统	1. 电源由何处引来、电压等级、配电方式 2. 对重要负荷和特别重要负荷及其他负荷的供电措施； 3. 选用导线、电缆、母线的材质和型号，敷设方式； 4. 开关、插座、配电箱等配电设备选型及安装方式； 5. 电动机启动及控制方式的选择
		照明系统	1. 照明种类及照度标准； 2. 光源及灯具的选择、照明灯具的安装及控制方式； 3. 室外照明的种类（如路灯、庭园灯、草坪灯、地灯、泛光照明、水下照明等）、电压等级、光源选择及其控制方法等； 4. 照明线路的选择及敷设方式（包括室外照明线路的选择和接地方式）

续表 1-3

设计内容	设计说明	火灾自动报警系统	1. 按人防工程性质确定保护等级及系统组成； 2. 消防控制室位置的确定和要求； 3. 火灾探测器、报警控制器、手动报警按钮、控制台（柜）等设备的选择； 4. 火灾报警与消防联动控制要求，控制逻辑关系及控制显示要求； 5. 火灾应急广播及消防通信概述； 6. 消防主电源、备用电源供电方式，接地及接地电阻要求； 7. 线路选型及敷设方式； 8. 当有智能化系统集成要求时，应说明火灾自动报警系统与其他子系统的接口方式及联动方式； 9. 应急照明的电源型式、灯具配置、线路选择及敷设方式、控制方式等
		通信系统	1. 对工程中不同性质的电话用户和专线，分别统计其数量； 2. 电话站总配线设备及其容量的选择和确定； 3. 电话站交、直流供电方案； 4. 电话站站址的确定及对土建的要求； 5. 通信线路容量的确定及线路网络组成和敷设； 6. 对市话中继线路的设计分工、线路敷设和引入位置的确定； 7. 室内配线及敷设要求； 8. 防电磁脉冲接地、工作接地方式及接地电阻要求
		有线电视系统	1. 系统规模、网络组成、用户输出口电平值的确定； 2. 节目源选择； 3. 机房位置、前端设置配置； 4. 用户分配网络、导体选择及敷设方式、用户终端数量的确定
		闭路电视系统	1. 系统组成； 2. 控制室的位置及设备的选择； 3. 传输方式、导体选择及敷设方式； 4. 电视制作系统组成及主要设备选择
		有线广播系统	1. 系统组成； 2. 输出功率、馈送方式和用户线路敷设的确定； 3. 广播设备的选择，并确定广播室位置； 4. 导体选择及敷设方式
		扬声器同声传译系统	1. 系统组成； 2. 设备选择及声源布置的要求； 3. 确定机房位置； 4. 同声传译方式； 5. 导体选择及敷设要求

续表 1-3

设计内容	设计说明	呼叫信号系统	1. 系统组成及功能要求； 2. 导体选择及敷设方式； 3. 设备选型
		公共显示系统	1. 系统组成及功能要求； 2. 显示装置安装部位、种类、导体选择及敷设方式； 3. 显示装置规格
		安全技术防范系统	1. 系统防范等级、组成和功能要求； 2. 保安监控及探测区域的划分、控制、显示及报警要求； 3. 摄像机、探测器安装位置的确定； 4. 访客对讲、巡更、门禁等子系统配置及安装； 5. 机房位置的确定； 6. 设备选型、导体选择及敷设方式
		综合布线系统	1. 根据工程项目性质、功能、环境条件和近、远期用户要求确定综合类型及配置标准； 2. 系统组成及设备选型； 3. 总配线架、楼层配线架及信息终端的配置； 4. 导体选择及敷设方式
		设备监控系统及系统集成	1. 系统组成、监控点数及其功能要求； 2. 设备选型； 3. 导体选择及敷设方式
		信息网络交换系统	1. 系统组成、功能及用户终端接口的要求； 2. 导体选择及敷设要求
		车库管理系统	1. 系统组成及功能要求； 2. 监控室设置； 3. 导体选择及敷设要求
		智能化系统集成	1. 集成形式及要求； 2. 设备选择
		建筑物防雷	1. 确定防雷类别； 2. 防直接雷击、防侧击雷、防雷击电磁脉冲、防高电位侵入的措施； 3. 当利用建（构）筑物混凝土内钢筋做接闪器、引下线、接地装置时，应说明采取的措施和要求
		接地及安全	1. 本工程各系统要求接地的种类及接地电阻要求； 2. 总等电位、局部等电位的设置要求； 3. 接地装置的要求，当接地装置需做特殊处理时应采取的措施、方法等； 4. 安全接地及特殊接地的措施
		需提请在设计审批时解决或确定的主要问题	

续表 1-3

设计内容	设计图纸	电气总平面图（仅有单体设计时，可无此项内容）	1. 表示建（构）筑物的名称、容量，高、低压线路及其他系统线路走向，回路编号，导线及电缆型号规格，架空线杆位，路灯、庭院灯的杆位（路灯、庭院灯可不绘线路），重复接地点等； 2. 变、配电室位置、编号和变压器容量； 3. 比例、指北针
		变、配电系统	1. 高、低压供电系统图：注明开关柜编号、型号及回路编号、一次回路设备型号、设备容量、计算电流、补偿容量、导体型号规格、用户名称、二次回路方案编号； 2. 平面布置图：应包括高、低压开关柜，变压器、母线、发电机、控制屏、直流电源及信号屏等设备平面布置和主要尺寸，图纸应有比例； 3. 标示房间层高、地沟位置、标高（相对标高）
		配电系统（一般只绘制内部作业草图，不对外出图）	主要干线平面布置图，竖向干线系统图（包括配电及照明干线、变配电站的配出回路及回路编号）
		照明系统	对于特殊建筑，如大型体育场馆、大型影剧院等，有条件时应绘制照明平面图。该平面图应包括灯位（含应急照明灯）、灯具规格，配电箱（或控制箱）位，不需连线
		火灾自动报警系统	1. 火灾自动报警系统图； 2. 消防控制室设备布置平面图
		通信系统	1. 电话系统图； 2. 站房设备布置图
		防雷系统、接地系统	一般不出图纸，特殊工程只出顶视平面图，接地平面图
		其他系统	1. 各系统所属系统图； 2. 各控制室设备平面布置图（若在相应系统图中说明清楚时，可不出此图）
	主要设备表		注明设备名称、型号、规格、单位、数量
	设计计算书（供内部使用及存档）		1. 用电设备负荷计算； 2. 变压器选型计算； 3. 电缆选型计算； 4. 系统短路电流计算； 5. 防雷接地计算； 6. 各系统计算结果尚应标示在设计说明或相应图纸中； 7. 因条件不具备不能进行计算的内容，应在初步设计中说明，并应在施工图设计时补算

（3）人防工程电气施工图设计文件编制深度（表1-4）

表1-4　人防工程电气施工图设计文件编制深度

<table>
<tr><td>设计原则</td><td colspan="4">1. 施工图设计文件，应满足设备材料采购、非标准设备制作和施工的需要。对于将项目分别发包给几个设计单位或实施设计分包的情况，设计文件相互关联处的深度应当满足各承包或分包单位设计的需要；
2. 宜因地制宜正确选用国家、行业和地方人防标准设计；
3. 当设计合同对设计文件编制深度另有要求时，设计文件编制深度应同时满足设计合同的要求</td></tr>
<tr><td rowspan="6">设计内容</td><td>设计说明</td><td colspan="3">1. 工程设计概况：应将经审批定案后的初步（或方案）设计说明书中的主要指标录入；
2. 各系统的施工要求和注意事项（包括布线、设备安装等）；
3. 设备订货要求（亦可附在相应图纸上）；
4. 防雷及接地保护等其他系统有关内容（亦可附在相应图纸上）；
5. 本工程选用标准图集编号、页号</td></tr>
<tr><td rowspan="5">设计图纸</td><td colspan="3">施工设计说明、补充图例符号、主要设备表可组成首页，当内容较多时，可分设专页</td></tr>
<tr><td>电气总平面图(仅有单体设计时,可无此项内容)</td><td colspan="2">1. 标注人防工程名称或编号、层数或标高、道路、地形、等高线和用户的安装容量；
2. 标注变、配电室位置、编号；变压器台数容量；发电机台数、容量；配电箱的编号、型号；室外照明灯具的规格、型号、容量；
3. 架空线路应标注：线路规格及走向，回路编号，杆位编号，档数、档距、杆高、拉线、重复接地、避雷器等（附标准图集选择表）；
4. 电缆线路应标注：线路走向、回路编号、电缆型号及规格、敷设方式（附标准图集选择表）、人（手）孔位置；
5. 比例、指北针；
6. 图中未表达清楚的内容可附图作统一说明</td></tr>
<tr><td rowspan="3">变、配电站</td><td>高低压配电系统图（一次线路图）</td><td>图中应标明母线的型号、规格；变压器、发电机的型号、规格；标明开关、断路器、互感器、继电器、电工仪表（包括计量仪表）等的型号、规格、整定值。图下方表格标注：开关柜编号、开关柜型号、回路编号、设备容量、计算电流、导体型号及规格、敷设方法、用户名称、二次原理图方案号（当选用分格式开关柜时，可增加小室高度或模数等相应栏目）</td></tr>
<tr><td>平、剖面图</td><td>按比例绘制变压器、发电机、开关柜、控制柜、直流及信号柜、补偿柜、支架、地沟、接地装置等平剖面布置、安装尺寸等，当选用标准图时，应标注标准图编号、页次；标注进出线回路编号、敷设安装方法，图纸应有比例</td></tr>
<tr><td>继电保护及信号原理图</td><td>继电保护及信号二次原理方案，应选用标准图或通用图。当需要对所选用标准图或通用图进行修改时，只需绘制修改部分并说明修改要求。控制柜、直流电源及信号柜、操作电源均应选用企业标准产品，图中标示此相关产品型号、规格和要求</td></tr>
</table>

续表 1-4

设计内容	设计图纸	变、配电站	竖向配电系统图	以建（构）筑物为单位，自电源点开始至终端配电箱止，按设备所处相应楼层绘制，应包括变配电站变压器台数、容量、发电机台数、容量、各处终端配电箱编号，自电源点引出回路编号（与系统图一致），接地干线规格
			相应图纸说明	图中表达不清楚的内容，可随图作相应说明
		配电、照明		1. 配电箱（或控制箱）系统图，应标注配电箱编号、型号，进线回路编号；标注各开关（或熔断器）型号、规格、整定值；配出回路编号、导线型号规格；对于单项负荷应标明相别，对有控制要求的回路应提供控制原理图；对重要负荷供电回路宜标明用户名称，上述配电箱（或控制箱）系统内容在平面图上标注完整的，可不单独出配电箱（或控制箱）系统图； 2. 配电平面图应包括建筑门窗、墙体、轴线、主要尺寸、工艺设备编号及容量；布置配电箱、控制箱，并注明编号、型号及规格；绘制线路始、终位置（包括控制线路），标注回路规格、编号、敷设方式，图纸应有比例； 3. 照明平面图，应包括建筑门窗、墙体、轴线、主要尺寸、标注房间名称、绘制配电箱、灯具、开关、插座、线路等平面配置，标明配电箱编号，干线、分支线回路编号、相别、型号、规格、敷设方式等；凡需二次装修部位，其照明平面图随二次装修设计，但配电或照明平面图上应标注预留的配电箱，并标注预留容量；图纸应有比例； 4. 图中表达不清楚的，可随图作相应说明
		建筑设备监控系统及系统集成		1. 监控系统方框图、绘制 DDC 站址； 2. 随图说明相关建筑设备监控（测）要求、点数、位置； 3. 配合承包方了解建筑设备情况及要求，审查承包方提供的深化设计图纸
		防雷、接地及安全		1. 绘制建筑物顶层平面，应有主要轴线图、尺寸、标高、标注避雷针、引下线位置。注明材料型号规格、所涉及的标准图编号、页次，图纸应标注比例； 2. 绘制接地平面图（可与防雷平面重合），绘制接地线、接地极、测试点、断接卡等的平面位置、标明材料型号、规格、相对尺寸等及涉及的标准图编号、页次（当利用自然接地装置时，可不出此图），图纸应标注比例； 3. 当利用建筑物（或构筑物）钢筋混凝土内的钢筋作为防雷接闪器、引下线、接地装置时，应标注连接点，接地电阻测试点，预埋件位置及敷设方式，注明所涉及的标准图编号、页次； 4. 随图说明可包括：防雷类别和采取的防雷措施（包括防侧击雷、防雷击电磁脉冲、防高电位引入）；接地装置型式，接地极材料要求、敷设要求、接地电阻值要求；当利用桩基、基础内钢筋作接地极时，应采取的措施； 5. 除防雷接地外的其他电气系统的工作或安全接地的要求（如：电源接地形式，直流接地，局部等电位、总等电位接地等），如果采用公用接地装置，应在接地平面图中叙述清楚，交待不清楚的应绘制相应图纸（如：局部等电位平面图等）

续表 1-4

<table>
<tr><td rowspan="4">设计内容</td><td rowspan="2">设计图纸</td><td>火灾自动报警系统</td><td>1. 火灾自动报警系统图、施工设计说明、报警及联动控制要求；
2. 各层平面图，应包括设备及器件布点、连线，线路型号、规格及敷设要求</td></tr>
<tr><td>其他系统</td><td>1. 各系统的系统框图；
2. 说明各设备定位安装、线路型号规格及敷设要求；
3. 配合系统承包方了解相应系统的情况及要求，审查系统承包方提供的深化设计图纸</td></tr>
<tr><td colspan="2">主要设备表</td><td>注明主要设备名称、型号、规格、单位、数量</td></tr>
<tr><td colspan="2">计算书（供内部使用及归档）</td><td>施工图设计阶段的计算书，只补充初步设计阶段时应进行计算而未计算的部分，修改因初步设计文件审查变更后，需要重新进行计算的部分</td></tr>
</table>

1.4.3 人防工程收集设计资料内容

电气设计收集设计资料内容见表 1-5。

表 1-5 收集电气设计资料内容

序号	资料	内　　容	备注
1	有关文件	工程建设项目委托文件和主管部门审批文件，有关的协议书	
2	自然资料	1. 工程建设项目所在的海拔高度，地震烈度，环境温度，最大日温度差； 2. 工程建设项目的最大冻土深度； 3. 工程建设项目的夏季气压，气温（月平均最冷，最热）； 4. 工程建设项目所在地区的地形，地物状况（如相邻建筑物的高度），气象条件（如雷暴日）和地质条件（如土壤电阻率）； 5. 工程建设项目的相对湿度（月平均和极限最高，最低）	
3	电源现状	1. 工程建设项目所在地的电气主管部门规划和设计规定； 2. 市政供电电源的电压等级，回路数及距离； 3. 供电电源的可靠性； 4. 供电系统的短路容量； 5. 供电电源的进线方式，位置和标高； 6. 供电电源的质量； 7. 电能计费情况； 8. 基建时解决施工用电的途径	
4	电信线路现状	1. 工程建设项目所在地电信主管部门规划和设计规定； 2. 市政电信线路与工程建设项目的接口地点； 3. 市政电信引入线的方式，位置，标高	

续表 1-5

序号	资料	内　容	备注
5	有线电视现状	1. 工程建设项目所在地的有线电视主管部门规划和设计规定； 2. 市政有线电视线路与工程建设项目的接口地点； 3. 市政有线电视引入线的方式，位置，标高	
6	其他	1. 工程建设项目所在地常用电气设备的电压等级； 2. 当地对电气设备的供应情况； 3. 当地对电气系统的有关规定，地区性标准和通用图等	

1.4.4 电气设计与相关专业配合输入、输出表

(1) 电气设计与相关专业配合输入（表1-6）

表 1-6　电气设计与相关专业配合输入表

设计阶段 / 专业类别	方案设计	初步设计	施工图设计
建筑	1. 建筑物位置、性质、用途、标高、建筑高度、层高、建筑面积等主要参数指标及主要平、剖面图； 2. 市政外网情况（包括电源、电信、电视等）； 3. 主要设备机房位置（包括冷冻机房、水泵房、锅炉房、消防控制室等）	1. 建筑物位置、性质、用途、建筑高度、层高、建筑面积、建筑标准、建筑材料等； 2. 建筑物的平、立、剖面图及建筑做法（包括楼板及垫层厚度）； 3. 吊顶位置、高度及做法； 4. 各设备机房、竖井的位置、尺寸（包括变配电所、冷冻机房、水泵房等）； 5. 防火分区的划分； 6. 电梯类型（普通电梯或消防电梯；有机房电梯或无机房电梯）	1. 建筑平、立、剖面图及尺寸（承重墙、填充墙）及建筑做法； 2. 吊顶平面图及吊顶高度、做法，楼板厚度及做法； 3. 二次装修部位平面图； 4. 防火分区平面图，卷帘门、防火门形式及位置、各防火分区疏散方向； 5. 沉降缝、伸缩缝的位置； 6. 各设备机房、竖井的位置、尺寸； 7. 室内外高差（标高）、周边环境、地下室外墙及基础防水做法、污水坑位置； 8. 电梯类型（普通电梯或消防电梯；有机房电梯或无机房电梯）
结构	1. 主体结构形式； 2. 剪力墙、承重墙布置图； 3. 伸缩缝、沉降缝位置	1. 主体结构形式； 2. 基础形式； 3. 梁板布置图； 4. 楼板厚度及梁的高度； 5. 伸缩缝、沉降缝位置； 6. 剪力墙、承重墙布置图	1. 柱子、圈梁、基础等主要的尺寸及构造形式； 2. 梁、板、柱、墙布置图及楼板厚度； 3. 护坡、锚钎形式； 4. 基础板形式； 5. 剪力墙、承重墙布置图； 6. 伸缩缝、沉降缝位置

续表 1-6

专业类别＼设计阶段	方案设计	初步设计	施工图设计
给排水	1. 水泵种类及用电量； 2. 其他设备的性质及用电量	1. 各类水泵台数、用途、容量、位置、电动机类型及控制要求； 2. 各场所的消防灭火形式及控制要求； 3. 消火栓位置； 4. 冷却塔风机容量、台数、位置； 5. 各种水箱、水池的位置、液位计的型号、位置及控制要求； 6. 水流指示器、检修阀及水力报警阀、放气阀等位置； 7. 各种用电设备(电加热、电热水器等)的位置、用电容量、相数等； 8. 各种水处理设备所需电量及控制要求	1. 各种水泵、冷却塔设备布置图及工艺编号、设备名称、型号、外形尺寸、电动机型号、设备电压、用电容量及控制要求等； 2. 电动阀的容量、位置及控制要求； 3. 水力报警阀、水流指示器、检修阀、消火栓的位置及控制要求； 4. 各种水箱、水池的位置、液位计的型号、位置及控制要求； 5. 变频调速水泵的容量、控制柜位置及控制要求； 6. 各场所的消防灭火形式及控制要求； 7. 消火栓箱的位置布置图
通风与空调	1. 冷冻机房的位置、用电量、制冷方式(电动压缩机式或直燃机式)； 2. 空调方式(集中式、分散式)； 3. 锅炉房的位置、用电量； 4. 其他设备用电性质及容量	1. 冷冻机房： (1) 机房及控制(值班)室的设备布置图； (2) 冷水机组的台数、每台机组电压等级、电功率、位置及控制要求； (3) 冷水泵、冷却水泵或其他有关水泵的台数、电功率及控制要求 2. 各类风机房(空调风机、新风机、排风机、补风机、排烟风机、正压送风机等)的位置、容量、供电及控制要求； 3. 锅炉房的设备布置及用电量； 4. 电动排烟口、正压送风口、电动阀的位置； 5. 其他设备用电性质及容量	1. 所有用电设备(含控制设备、送风阀、排烟阀、温湿度控制点、电动阀、电磁阀、电压等级及相数、风机盘管、诱导风机、风幕、分体空调等)的平面位置并标示设备的编(代)号、电功率及控制要求； 2. 电采暖用电容量、位置(包括地热电缆、电暖气等)； 3. 电动排烟口、正压送风口、电动阀的位置及其所对应的风机及控制要求； 4. 各用电设备的控制要求(包括排风机、送风机、补风机、空调机组、新风机组、排烟风机、正压送风机等)； 5. 锅炉房的设备布置、用电量及控制要求等

（2）电气设计与其他相关专业配合输出（表1-7）

表1-7 电气设计与其他相关专业配合输出表

设计阶段 专业类别	方案设计	初步设计	施工图设计
建筑	1. 主要电气机房面积、位置、层高及对环境的要求； 2. 主要电气系统路由及竖井位置； 3. 大型电气设备的运输通路	1. 变电所位置及平、剖面图（包括设备布置图）； 2. 柴油发电机房的位置、面积、层高； 3. 电气竖井的位置、面积等要求； 4. 主要配电点位置； 5. 各弱电机房位置、面积、层高等要求； 6. 强、弱电进出线的位置及标高； 7. 大型电气设备运输通路的要求	1. 变电所的位置、房间划分、尺寸、标高及设备布置图； 2. 变电所地沟或夹层平面布置图； 3. 柴油发电机房的平面布置图及剖面图，储油间位置及防火要求； 4. 变配电设备预埋件； 5. 电气通路上留洞位置、尺寸、标高； 6. 各电气设备房的建筑做法及对环境要求； 7. 电气竖井的做法要求； 8. 设备运输通道的要求（包括吊装孔、吊装钩等）； 9. 控制室和配电间的位置、尺寸、层高、建筑做法及对环境的要求
结构	1. 变电所的位置； 2. 大型电气设备的运输通路	1. 大型设备的位置； 2. 剪力墙上的大型孔洞（如门洞、大型设备运输预留孔洞等）	1. 地沟、夹层的位置及结构做法； 2. 剪力墙留洞的位置、尺寸； 3. 进出线留洞的位置、尺寸； 4. 防雷引下线、接地及等电位联结位置； 5. 机房、竖井预留的楼板孔洞的位置及尺寸； 6. 变电所及各弱电机房荷载要求； 7. 设备基础、吊装及运输的载荷要求； 8. 利用结构钢筋的规格、位置及要求

续表 1-7

设计阶段 专业类别	方案设计	初步设计	施工图设计
给排水	1. 主要设备机房的消防要求； 2. 电气设备用房用水点	1. 主要设备机房的消防要求； 2. 电气设备用房用水点	1. 变电所及电气用房的用水、排水及消防要求； 2. 水泵房配电控制室的位置、面积； 3. 柴油发电机房用水要求
通风与空调	1. 柴油发电机容量； 2. 变压器的数量和容量； 3. 主要电气机房对环境温、湿度的要求	1. 柴油发电机容量； 2. 变压器的数量和容量； 3. 主要电气机房对环境温、湿度的要求	1. 冷冻机房控制室的位置、面积及对环境、消防的要求； 2. 空调机房、风机房控制箱的位置； 3. 空调机房、风机房电缆桥架的位置及高度； 4. 对空调有要求的房间内的发热设备用电量（如变压器、电动机、照明设备等）； 5. 各电气设备房对环境温、湿度的要求； 6. 柴油发电机容量； 7. 室内储油间、室外储油库的贮油容量

2 负荷计算

2.1 负荷计算的意义和方法

人防工程进行供电设计的原始资料是工程工艺设计提供的用电设备的安装容量。但是由于在设备设计时，与设备配套的电动机的容量通常留有一定的裕度，即使电动机功率完全符合设备的配套要求，由于使用的情况不同，也会影响电力负荷的大小。因此，要进行工程的供电设计，必须首先将这些原始资料变成电力设计所需要的假想负荷——即计算负荷，然后根据计算负荷按允许发热条件来确定发电机组和变压器的容量，选择供电系统的导线截面，确定提高功率因数的措施，选择及整定保护设备以及校验供电电压的质量等等。所以，电力负荷的计算是整个工程供电设计的依据。如负荷计算过低可能使供电元件过热，加速其绝缘损坏，增大电能损耗，影响供电系统的正常工作，甚至影响工程的战时指挥、通信联络等战时作用的发挥。反之，如果负荷计算过大，将使发电机组和变压器的容量过大，会使工程的一次性投资增加，过大的设备在长期负荷率严重不足的情况下运行也不经济。因此，负荷计算的正确与否，将直接关系到工程的供电质量和经济指标，必须认真对待。

目前，负荷计算的方法主要有：需用系数法、二项式法、利用系数法、“ABC”法等。

需用系数法是在大量的测量与统计的基础上，给出各类负荷的需用系数和同时系数，然后把设备功率乘以需用系数和同时系数，直接求出计算负荷。这种方法由于简单易行，在人防工程设计中被普遍采用。但是，当用电设备台数少而功率相差悬殊时，其计算结果往往偏小，因而这种方法只适用于整个工程的负荷计算。

二项式法是把计算负荷看作由两个分量组成，一个分量是平均负荷，另一分量是数台大功率设备工作对负荷影响的附加功率。这种方法虽然也比较简单，但由于过分突出了大型设备对电气负荷的影响，使计算结果往往偏大，而且方法本身所推荐的公式和系数，仅限于机械加工工业，与人防工程内负荷情况相差较大，使用起来比较困难。

利用系数法是采用利用系数求出最大负荷的平均功率，再考虑设备台数和功率差异的影响，乘以与有效台数有关的最大系数得出计算负荷。这种方法是以概率论和数理统计作为理论根据的，计算结果比较接近实际，适用范围较广，但因计算过程繁琐，人防工程中一般不使用。

“ABC”法是一种较新的负荷计算方法。它把计算负荷看作是平均负荷与计算负荷对平均负荷参差值的叠加，这个参差值是由设备的容量总平方和的方根$\sqrt{\sum_{i=1}^{m} n_i P_{ei}^2}$表征的，因而大设备对计算负荷的影响将更接近实际，而且这种方法只需对设备台数进行简单的加法，不牵扯到设备容量的繁琐计算，比较方便。但目前在人防工程中平均利用系统的实测数据不足，故此法尚未被采用。

2.2 设备功率的确定

进行负荷计算时，首先应将各用电设备按其性质不同分为不同的用电设备组，然后确定设备功率。

用电设备的额定功率或额定容量是指铭牌上的数据。当用电设备处在不同的负荷持续率下时，对电源的功率要求也各不相同。因此，要计算总的负荷，必须将设备的额定功率按不同的负荷持续率换算为统一负荷持续率下的有功功率，即设备功率 P_s。

1）连续工作制电动机的设备功率等于其额定功率，即 $P_s = P_e$。

2）断续或短时工作制的电动机（如起重机用电机等）的设备功率是指将额定功率换算成统一负载持续率下的有功功率。

3）整流器的额定功率是指额定直流功率。

4）成组用电设备的功率是指不包括备用设备在内的所有单个用电设备功率之和。

5）照明设备功率，对白炽灯是指灯泡上标出的额定功率，对荧光灯和高压水银灯应计入整流器的功率损耗，其设备功率应在灯管额定功率的基础上分别增加 20% 和 8% 的功率。

2.3 负荷计算——需用系数法

如前所述，目前负荷计算的方法很多，但由于有的方法局限性较强，有的计算过于繁琐，有的提供的实测数据不够完整，因而目前在人防工程中仍普遍采用需用系数法。本书只讨论需用系数法，其他方法，如有需要，请参阅有关资料。

我们知道，整个电力负荷大小是根据工程内所有用电设备的设备功率确定的，但工程的总计算负荷并不是将这些功率简单相加起来，这是因为：

第一，与设备配套的电动机常有一定的裕度，例如一台 10kW 的风机所配用的电动机的额定功率一般不会恰好是 10kW，而是略大于 10kW，例如 11kW。考虑到这种情况，我们把电动机的额定功率 P_e（对连续工作制电动机即为设备功率）乘以一个小于 1 的系数 K_f，作为电动机的实际出力，即 $K_f \cdot P_e$。这个小于 1 的系数 K_f 称为负载的负荷系数。

第二，对于动力负荷，额定功率是指电动机轴上输出的机械功率，考虑到电动机的效率，电动机从电网上吸收的功率应大于其轴上输出功率，二者之间相差一个电动机的效率 η_d，电动机实际由电网吸收的功率应为 $\frac{K_f}{\eta_d} \cdot P_e$。

第三，当有多台电动机运行时，由于各台电动机担负的任务不同，不可能所有电动机都同时运行，总是有的在运行，有的不运行。因此，当计算多台电机从电源吸收的功率时并不是所有电机吸收功率之和，而要在其求和以后乘以一个小于 1 的系数 K_t，这个系数称为同时系数。这样多台电机同时吸取的功率应为：

$$K_t\left(\frac{K_{f1}}{\eta_{d1}} \cdot P_{e1} + \frac{K_{f2}}{\eta_{d2}} \cdot P_{e2} + \cdots\right)$$

当式中各负荷为同一组内的负荷时，则负荷系数 K_f 和效率 η_d 基本相同，即看作是该组各负荷的平均负荷系数和平均效率，则上式可写作：

$$K_t \frac{K_f}{\eta_d}(P_{e1} + P_{e2} + \cdots)$$

第四，电能由电源送到负载的过程中，在线路上要有一定的损耗。因此，电源发出的功率必须大于负载吸收的功率，这个差值就是线路上损耗的功率。考虑到这一因素的影响，我们把负荷吸收的功率再除以一个小于1的系数 η_x（称为线路效率），这样电源实际发出的功率应为：

$$P_j = \frac{K_f \cdot K_t}{\eta_d \cdot \eta_x}(P_{e1} + P_{e2} + \cdots) = K_x P_{e\Sigma}$$

式中 $P_{e\Sigma}$——分组计算负荷的有功功率；

$K_x = \dfrac{K_f \cdot K_t}{\eta_d \cdot \eta_x}$ 叫做需用系数。

公式表示，当电源向 n 个负荷供电时，把 n 个负荷的设备功率加起来再乘以一个需用系数 K_x，即可得到电源实际发出的有功功率。

在实际计算中，K_t、K_f、η_d、η_x 四个系数很难准确求得。因此需用系数是很难准确求得的。实际上，K_x 是通过大量的统计和测量求得的，把它们列成表格以供设计时选用。人防地下工程各类电力负荷见表2-1。表中还同时给出了各类负荷功率因数 $\cos\varphi$ 值。因此，在求得有功功率以后，就可以方便地求出分组负荷的无功功率 Q_j：

$$Q_j = P_j \cdot \tan\varphi$$

由于各负荷的种类和性质不相同，需用系数 K_x 也会不相同，不能放在一起计算。在实际负荷计算中，通常首先将负荷按性质分类。人防工程内负荷通常可以分为六大类，即风机类：包括进、排风机、送风机、循环风机、轴流风机、除湿机等。

表2-1 用电设备组的平均需用系数及平均功率因数

分组负荷	该分组内所包括的设备	用电设备		分组负荷计算		说明
		台数	工作容量（kW）	需用系数 K_x	功率因数（$\cos\varphi$）	
风机类	进风机、排风机、送风机、冷冻机、轴流风机		20~100 20以下	0.85~0.8 0.85	0.8	凡是风机均属此组
泵类	水泵及电站油泵	<4 4~6 6~8 <6 6~8	<15 15~25 25~35 ≈40 ≈50	0.8~0.7 0.7~0.65 0.6~0.65 0.75 0.7	0.89 0.88 0.87 0.87 0.87	
电加热器类	0.5~1.5kW	<20 20~15 50~100	20左右 20~50左右 50~100左右	1.0~0.95 0.95~0.85 0.85~0.75	1.0 1.0 1.0	对集中式电加热器则 K_x 按1.0计算
电灶类	电灶、电冰箱、电炒锅	<2 2~4	<35 <65	0.85 0.8	1.0 1.0	

续表 2-1

分组负荷	该分组内所包括的设备	用电设备		分组负荷计算		说　明
		台数	工作容量（kW）	需用系数 K_x	功率因数（$\cos\varphi$）	
照明类	各种照明		0～10 10～20 20～40 通道照明	1.0～0.95 0.95～0.9 0.9～0.85 <0.95	1.0 1.0 1.0 1.0	1. 照明负荷包括插座容量，但 K_x 值仅对房间总容量而言； 2. $\cos\varphi$ 为白炽灯数值，若为日光灯且未装电容器时 $\cos\varphi=0.5\sim0.6$
通信设备	载波机、交换机、电报电话、收讯机、发讯机			0.85～0.95 0.75～0.85 0.75～0.85 0.8～0.9 0.7～0.8	0.8	通信类的数据供参考，设计时应和通信部门协商确定

泵类：包括水泵及电站油泵等。

电热类：包括电开水器，电热水加热器等。

电灶类：包括电灶、电冰箱、电炒锅。

照明类：包括各种照明灯具，在计算白炽灯与荧光灯时应分别计算。

通信设备类：包括载波机、交换机、电报电话、收讯机、发讯机等。

由于每一类负荷的需用系数一致，即可将同类中各负荷的设备功率相加，在乘以该类负荷的需用系数，即可得到该类负荷的计算负荷的有功功率 P_j。同时，根据各类负荷的功率因数，求出其无功计算功率 Q_j。

将所有各类负荷的计算负荷（有功和无功功率）都求出后，将其分别相加再乘以各分组设备之间的参差系数和线路损耗的总系数 K，即可求得工程的总计算负荷。即：

$$P_{j\Sigma}=K\ (P_{j1}+P_{j2}+\cdots+P_{jn})$$

$$Q_{j\Sigma}=K\ (Q_{j1}+Q_{j2}+\cdots+Q_{jn})$$

$$S_{j\Sigma}=\sqrt{P_{j\Sigma}^2+Q_{j\Sigma}^2}$$

式中，系数 K 即为考虑各分组设备之间参差系数和线路损耗的总系数，对人防工程可取 $K=1$。

当工程需要高压配电时，在计算高压侧的总负荷时，还应计入变压器的损耗。此外，对设备数量较少的工程进行负荷计算时，应特别注意，由于工作状态的需要，不可能同时工作的设备，不同时计入。应计算各种工作状态下可能出现的最大计算负荷。当然，在计算负荷时，备用设备是不应计算在内的。对单相负荷，应尽量使各单相负荷在三相中对称连接，否则按最大相负荷计算。

3 电气主接线设计

电气主接线是人防工程供电系统的主要组成部分，它是由各种电气元件及其连线所组成的汇集、输送和分配电能的电路。它不仅表明了发电机、变压器、线路、断路器等电气设备的数量，而且表明了整个供电系统的连接和运行方式，从而完成发电、变电和输配电的任务。

主接线的确定，对整个供电系统的可靠、安全、灵活、经济运行，对电站、变电所的电气设备的选择，对配电装置的布置及继电保护和控制方式的拟定都有密切的关系。因此，主接线的设计是一个综合性的问题。那种认为可以设计一种理想的电气主接线，以适应于任何情况的想法是片面的，也是无法实现的。在设计中，必须深入理解工程的技术战术要求，根据工程在战争中的地位、作用和特点以及负荷的具体情况拟定符合实际需要的、经济合理的主接线方案。

3.1 电气主接线设计的基本要求

人防工程供电系统主接线设计的基本要求是：在保证工程战术技术对供电可靠性要求的基础上，力求简单灵活、节省投资。

3.1.1 可靠性

供电可靠是人防工程供电设计的首要要求，电力主接线的设计，必须首先满足工程对供电可靠性的要求。在研究主接线的可靠性时，应全面考虑以下几个方面：

在设计主接线的可靠性时，应充分考虑长期积累的运行实践经验，人防工程设计规范中对主接线的一些规定，就是这些经验的体现。

在主接线设计时，不仅要考虑一次设备的故障对供电可靠性的影响，还要考虑二次设备故障率及其对供电可靠性的影响。

可靠性是相对的，工程的重要性不同，其对可靠性的要求也不同，不顾工程本身的要求，一味追求可靠性是不适当的。

3.1.2 灵活性

主接线的灵活性表现在：

根据不同运行方式，可以灵活地投入或切除机组、变压器或线路，调配电源和负荷，能够满足系统在事故、检修以及特殊运行方式下的切换操作。

能够方便地检修各种电气设备，而不致影响系统的运行或对用户的供电。

充分考虑系统的发展余地。

3.1.3 经济性

主接线设计在满足上述可靠性、灵活性的前提下，要尽量做到经济合理，也就是要使投资省、占用空间少和电能损失少。

为减少工程投资，主接线应力求简单清晰，以减少一次设备的投资；控制、保护措施不应过于复杂，以便减少二次及控制设备投资。此外，主接线和二次接线简单、清晰，还可以减少误操作的几率。

为减少设备占用空间、降低土建造价，主接线的拟制应考虑各种配电装置的配置和布置，以便尽可能节约空间，减少架构、导线、绝缘子及安装费用。

应合理选择机组和变压器的形式、容量和规格，以使在各种不同运行方式中，电能损耗最少，提高运行的经济性。

3.2 电压的选择

人防工程供电电压的选择与下列因素有关：

1）负荷的大小和距离电源的远近，对电压的选择起关键的作用。根据设计计算和运行经验，任一供电电压，都有其对应的最合理的供电容量和供电半径。如果导线的截面是根据经济电流密度选择的，计算表明，当电压一定时，能量损耗与有色金属的消耗量都与负荷距离成正比。不同电压等级其输送容量和输送距离的推荐值如表 3-1 所示。

表 3-1　不同电压等级的输送容量和输送距离

电压等级（kV）	传输方式	输送容量（kW）	输送距离（km）
0.22	电缆	<100	0.2
0.38	电缆	175	0.35
6	电缆	3000	<8
10	电缆	5000	<10

2）根据人防工程的特点，供电电压，高压一般为 10kV，低压一般为 380/220V。当然，这并不绝对排除采用其他电压等级的可能性。例如当一个地区有多个一类供电工程或用电负荷较大的三类工程，采用 35kV 在技术经济上合理并有防护要求时，也可采用 35kV 电压等级，设置 35kV 地下变电所。

3）工程所在地区原有市电供电电压对工程电压的选择起着严格的限制作用。实际上，如果采用工程所在地区的市电供电的话，工程电压等级由自己选择决定的可能性不大。只有当工程所在地区有两个以上不同电压等级的供电电源可供引接或由于工程规模很大致使地区电网有可能改造时，工程电压等级才有自由选择的余地。

3.3 变压器的容量和台数的选择

变压器的容量和台数应根据工程对供电的要求、平时和战时的使用情况等条件确定计算负荷的大小。变压器容量应满足工程内全部用电设备和地面必要负荷的用电，还应适当考虑工程扩建而增加的用电负荷。

平战结合、平时基本满负荷的工程以及由柴油发电机供电的升压变压器，一般选用两台变压器，每台变压器都可按最大负荷的 70% 左右选择，正常情况下，两台变压器均参加工作。这是每台变压器均承担全部最大负荷的 50%，因而正常情况下变压器的负荷率为：

$$50\%/70\% \approx 70\%$$

完全满足经济工作的要求。在一台变压器发生故障时，干式变压器可以过负荷1.4倍，连续运行32min，即承担全部最大负荷。

$$1.4\times 70\% \approx 100\%$$

这种备用方式称为暗备用，它既能满足正常工作是经济运行的要求，又能在故障情况下承担全部负荷，因此是比较合理的备用方式。但是，这种方式在到达规定的过负荷时间时，必须根据负荷的平稳均衡情况，切除部分负荷。这在一般工程中是可以做到的。

当工程中平时负荷较小时，按上述方法选择变压器的台数和容量，显然是不合适的。在人防工程中，通常选用一台变压器供战时工程全部计算负荷。为了供电可靠性的要求，可以另选一台满足平时运行的小变压器，也可以在变压器二次测设置从另一电源供电的备用联络线，但备用联络线一般只能保证重要负荷用电，且线路容量不可能太大。采用备用线从投资和有色金属消耗上与设置另一台变压器比较并不太经济。究竟采用哪种方案，通常应根据电源条件、二次测电压高低、距离远近等条件进行综合经济技术比较来确定。

变压器有油浸式和干式两种，其中SCB环氧树脂浇注干式电力变压器具有难燃、防尘、耐潮和低噪声等特点，适于组成成套变电站深入负荷中心，尤其是用于高层建筑、地铁、隧道和人防工程等场所。低损耗变压器，由于采用优质材料和先进的结构工艺，具有显著的节能效果。有载调压变压器装有有载分接开关和有载调压控制器，在电网电压波动时，可以在带负荷运行条件下，自动或电动调节变压器匝数比，以保证稳定的输出电压，从而提高用电设备的工作效能和可靠性。变压器的选用原则见表3-2。

表3-2 变压器的选择原则

变压器形式	应用场所	变压器台数	变压器连接组别	备注
油浸变压器	一般正常环境场所	1. 一、二级负荷较多时，或者负荷较大，应选择两台以上变压器； 2. 只有少量一、二级负荷，并能获取另一路备用电源，或者只有三级负荷，且负荷较小，可采用一台变压器； 3. 昼夜负荷或季节性负荷变化大，选用一台变压器在技术经济上不合理时，宜选择两台以上变压器	1. 下列情况选用D，yn11： 1）三相不平衡负荷超过变压器每相额定功率15%以上者； 2）需要提高单相短路电流值，确保单相接地保护装置动作灵敏度者； 3）需要抑制三次谐波含量者 2. 下列情况选用Y，yn0： 1）三相负荷基本平衡，且不平衡负荷不超过变压器每相额定功率15%者； 2）供电系统中谐波干扰不严重者	变压器容量的选择应考虑经济运行
干式变压器	主体建筑物内变电所、地下工程及需要使用防灾型设备场所			
密闭式变压器	位于严重影响变压器安全运行的场所如：有化学腐蚀性气体、蒸汽或具有导电、可燃粉尘、纤维的场所			
防雷变压器	位于多雷区及土壤率较高的场所			
有载调压式变压器	用于电力供电电压波动严重而用电设备对电能质量有要求较高的场所			

还需指出，在一些特殊情况下，由于受道路、桥涵等运输条件的限制，或受工程本身的门洞、通道尺寸的限制，不允许选择大容量的变压器时，也可选择较小容量的多台变压器。因此，在选择大型设备时，必须与土建专业的设计人员密切协同、共同确定。

3.4 柴油发电机组的选择

为保证人防工程战时供电的可靠性，在人防工程柴油电站中，除设有正常运行的机组外，一般还应有一定容量的备用机组。运行机组和备用机组的容量和台数是根据不同条件确定的。本节将分别讨论运行机组和备用机组的选择方法。

3.4.1 运行机组的选择

(1) 运行机组总容量的确定

运行机组的总容量应满足战时和平时有内电源供电的最大计算负荷的需要。为了保证今后的负荷增加和设备规格变化仍能保持使用，以及考虑多台并列机组运行时有功功率分配的不均匀，在确定运行机组总容量时应留有10% ~15% 的富裕量，即：

$$\sum P_{\mathrm{Y}} = (1.1 \sim 1.15)\sum P_{\mathrm{j}}$$

式中，$\sum P_{\mathrm{Y}}$为运行机组实际所应发出的总功率。由于使用条件的变化，柴油发电机组的实际出力总比其铭牌功率要小，因此，初步按铭牌功率选择机组时，应考虑机组的实际出力与铭牌功率的差别。关于柴油机组功率修正问题，将在下面专门讨论。

(2) 机组台数的确定

机组的台数应从供电要求、生产供应、技术经济和运行维护等方面综合考虑。具体有以下几个因素：

第一，在有Ⅰ级负荷的工程中，运行机组台数应不少于两台。这样使工程有两个或两个以上的独立电源，以便在一台机组故障或检修时，Ⅰ级负荷可自动切换到非故障机组上，保证供电可靠性。

第二，除非负荷容量很大，选用大型机组又受到限制，没有多台机组不能满足容量要求外，一般工程运行机组的台数尽量不要太多，一般不超过三台，这样既可简化系统，又能减少运行维护工作量。

第三，在同一工程中应尽量选用国家定型配套的同一型号和容量的机组。这样既增加了备用零部件的互换性，便于运行、维护、修理，又便于机房的布置和安装。

第四，单台机组容量应考虑启动鼠笼型电动机的能力，机组全压启动鼠笼型电动机容量的百分比如表3-3所示。

第五，尽量选用性能好、运行可靠的机组。机组是供电系统中最重要的设备，它的性能将直接影响系统供电的质量。因而，在确定机组时必须持谨慎的态度。在确定某一机型前，必须搜集该机的详细资料，详尽了解其性能。此外，防护工程中的柴油发电机组最好选用两防产品，以适应地下工程的环境要求。沃尔沃（VOLVO）系列机组的数据见表3-4。

表3-3 发电机、变压器全压启动鼠笼型电动机容量百分数

<table>
<tr><th>电源种类</th><th>励磁调压方式</th><th colspan="2">鼠笼型电动机容量发电机（变压器）容量</th></tr>
<tr><td rowspan="3">柴油发电机组</td><td>带励磁机的可控硅调压器</td><td colspan="2">15% ~25%</td></tr>
<tr><td>可控硅，相复励自励恒压装置</td><td colspan="2">15% ~30%</td></tr>
<tr><td>三次谐波励磁</td><td colspan="2">50%</td></tr>
<tr><td rowspan="2">变压器</td><td rowspan="2">—</td><td>不经常启动</td><td>30%</td></tr>
<tr><td>经常启动</td><td>20%</td></tr>
</table>

表 3-4　KV 系列柴油机组数据

COOLTECH 发电机组型号	50 周波 0.8 功率因数 400 伏 3 相 4 线			耗油量（以全负荷计算）		VOLVO PENTA 柴油机参数 1500 转				机组尺寸及重量		
	输出功率			柴油公升/小时（L/h）	机油公升/小时（L/h）	柴油机型号	输出最大功率（kW）	汽缸数量	冷却水总容量（L）	机组尺寸 L×W×H（mm）	重量（kg）	
	容量（kV·A）	功率（kW）	电流（A）								毛量	净量
KV80	80	64	115	19.3	0.06	TD520GE	85	4	17.5	2200×850×1565	1334	1284
KV90E	90	72	130	21.2	0.07							
KV100	100	80	144	22.7	0.07	TAD520GE	102	4	19.7	2200×875×1612	1529	1488
KV110E	110	88	159	24.6	0.08							
KV115	115	92	166	25.8	0.09	TD720GE	128	6	22	2500×880×1612	1733	2683
KV125E	125	100	180	28.9	0.09							
KV125	125	100	180	28.9	0.09	TAD720GE	128	6	22.0	2500×880×1612	1800	1750
KV140E	140	112	202	31.6	0.10							
KV150	150	120	217	32.3	0.09	TWD710G	153	6	23.8	2500×880×1612	1800	1750
KV165E	165	132	238	35.3	0.10							
KV190	190	152	274	36.7	0.17	TWD740GE	181	6	41.9	2800×1055×1772	1994	1925
KV205E	205	164	296	38.8	0.20							
KV200	200	160	288	44.4	0.03	TAD740DE	196	6	41.9	2800×1000×1748	1875	1835
KV220E	220	176	317	48.7	0.04							
KV230	230	184	332	47.6	0.04	TAD740GE	247	6	36.9	2800×1015×1788	1970	1930
KV250E	250	200	361	52.9	0.05							

续表 3-4

COOLTECH 发电机组型号	50 周波 0.8 功率因数 400 伏 3 相 4 线			耗油量（以全负荷计算）		VOLVO PENTA 柴油机参数 1500 转				机组尺寸及重量		
	输出功率			柴油公升/小时（L/h）	机油公升/小时（L/h）	柴油机型号	输出最大功率（kW）	汽缸数量	冷却水总容量（L）	机组尺寸 L×W×H（mm）	重量（kg）	
	容量（kV·A）	功率（kW）	电流（A）								毛量	净量
KV250 KV275E	250 275	200 220	360 397	52.9 58.4	0.04 0.05	TAD740DE	247	6	42.3	2871×1015×1788	2356	2304
KV275 KV300E	275 300	220 240	397 433	57.1 63.5	0.04 0.04	TAD1032GE	296	6	37	3100×1000×1810	2495	2425
KV300 KV330E	300 330	240 264	433 476	63.5 71.4	0.04 0.05	TAD1032GE	296	6	37	3100×1000×1810	2575	2505
KV325 KV358E	325 358	260 286	469 517	68.0 74.9	0.10 0.11	TAD1240GE *	320	6	44.0	3100×1108×1840	3010	2915
KV375 KV410E	375 410	300 328	541 592	77.3 84.9	0.11 0.12	TAD1241GE *	363	6	44.0	3100×1108×1840	3010	2915
KV410 KV450E	410 450	328 360	592 650	84.5 92.0	0.12 0.14	TAD1242GE *	398	6	44.0	3157×1108×1872	3492	3365
KV450 KV500E	450 500	360 400	650 722	100.1 113.4	0.11 0.18	TAD1630GE	447	6	60.0	3500×1165×2023	3520	3400
KV500 KV550E	500 550	400 440	722 794	108.7 121.5	0.12 0.13	TAD1631GE	485	6	64.0	3500×1260×2023	3579	3455

注：* 为环保型电喷引擎。

3.4.2 备用机组的选择

备用机组容量和台数应根据工程的性质、任务和战术要求来选择。

对重要供电工程，备用机组容量应按全负荷的100%设计（例如通信工程）；而人防医院等工程的供电设计，备用机组容量则按Ⅰ级负荷的100%设计；人防地下室工程的供电设计，不设备用机组。

此外，如果电站内运行机组台数较多时，可适当减少备用机组的数量。对无外部电源且须经常使用的工程，其备用量则应适当增加。

3.4.3 柴油发电机组功率的修正

以上机组的选择只是初步的选择。由于工程所在地的海拔高度、温度、湿度以及柴油机进气、排烟阻力与柴油机规定的额定运行条件不同，实际所能发出的功率将小于其铭牌规定的额定功率。需要在最后确定机组之前对机组的出力进行修正，以便得出机组的实际出力。

（1）不带增压器柴油发电机组的功率修正

海拔高度、温度、湿度对不带增压器柴油机的功率影响，一般应按国家有关规定或制造厂提供的数据进行修正。如无资料时，也可按下面的经验公式计算柴油机在不同工作条件下实际所能发出的功率：

$$p = \{N_e[C(1 - C_1)] - N_p\} \cdot \eta$$

式中 P——机组实际输出功率（kW）；

N_e——柴油机的额定功率（kW）；

C——考虑海拔和温湿度对柴油发电机组功率影响的修正系数（见表3-5、表3-6）；

C_1——考虑进气、排烟阻力影响的修正系数。对一般电站位于工程的一端、接近口部的工程，进气、排烟阻力不很大时，取 $C_1 = 0.97$；

N_p——风扇消耗功率（kW）；

η——发电机的效率。

表3-5 相对湿度80%时的功率修正系数 C

海拔高度（m）		0	200	400	600	800	1000	1500	2000	2500	3000	3500	4000
大气压力（mmHg）		760	742	725	708	691	674	634	596	560	526	493	462
大气温度	35℃	0.922	0.896	0.866	0.842	0.816	0.792	0.732	0.676	0.622	0.572	—	—
	30℃	0.948	0.918	0.888	0.868	0.838	0.818	0.758	0.696	0.638	0.592	—	—
	25℃	0.968	0.938	0.908	0.88	0.858	0.838	0.778	0.718	0.658	0.602	—	—

表 3-6　相对湿度 100% 时的功率修正系数 C

海拔高度（m）		0	200	400	600	800	1000	1500	2000	2500	3000	3500	4000
大气压力（mmHg）		760	742	725	708	691	674	634	596	560	526	493	462
大气温度	40℃	0.88	0.85	0.82	0.80	0.77	0.75	0.69	0.63	0.58	0.53	0.48	0.44
	35℃	0.91	0.88	0.85	0.83	0.80	0.78	0.72	0.66	0.61	0.56	0.51	0.46
	30℃	0.94	0.91	0.88	0.86	0.83	0.81	0.75	0.69	0.63	0.58	0.53	0.48
	25℃	0.96	0.93	0.90	0.88	0.85	0.83	0.77	0.71	0.65	0.60	0.55	0.50
	20℃	0.99	0.96	0.93	0.91	0.88	0.85	0.79	0.73	0.68	0.62	0.57	0.52

（2）带增压器的柴油发电机组的功率修正

海拔高度、温度、湿度对带有增压器的柴油机组功率的影响，目前尚处于研究阶段，没有比较成熟的公式和方法。为满足实际中估算功率的需要，根据国内有关单位在现场实测试验和技术资料，在国家有关部门或制造厂为提供数据时，可按以下方法进行估算。

对无中间冷却器的废气涡轮增压式柴油机功率修正按海拔高度每增加 1km 功率下降 8%，温度每升高 10℃功率下降 5%，湿度影响可忽略不计（以上柴油机额定功率的标准工程一般为大气压力 760mmHg、环境温度 20℃，湿度 50%）。

3.5　电气主接线的拟定

在确定变压器和柴油发电机以后，就应着手进行电气主接线的设计。

主接线设计的依据是：电源的种类和数量，工程对供电的要求、系统的运行方式、负荷重要程度以及出线回路的多少等。

主接线应在满足工程中各种负荷对供电可靠性和电能质量的要求前提下，力求简单、明显和灵活；主接线不应有多余的设备；主接线的布置应明显对称，减少操作次序，以避免误操作。这样既可以提高系统运行的可靠性，又便于简单迅速地处理各种事故。

在拟制主接线时，还必须综合考虑工程造价和运行费用的关系以及工程发展的可能性。

3.5.1　运行方式

根据人防工程的特点，当工程内既有外电源又有内电源时，内外电源一般分列运行。

当有两台以上柴油发电机组同时运行时，一般应采用并列运行。这样，既可以增加系统启动大容量电动机的能力，保证较稳定的电压和频率，提高供电质量，也使系统更加灵活，负荷可以任意在各机组之间调节。同时，还可以根据负荷的变动情况，改变投入运行机组的数目，使运行更加经济。并联运行的缺点是继电保护，联锁控制设备较复杂，对运行人员技术水平要求较高。

当负荷较小，分配又较均衡时，也可采用分列运行方式。当电动机启动对通信、照明有较大影响时，宜将动力与通信、照明负荷分别接在不同的母线段上供电。分列运行的优点是操作简单，减少了误操作的可能性；各机组自成系统，互不影响，缩小了故障的影响范围；采用双电源自动切换措施，能够较好地保证一级负荷对供电可靠性的要求；继电保护简单。缺点是启动大容量电动机的能力较差，电压和频率随负荷变动的波动大；负荷无法在各机组之间进行调节，灵活性较差，因而在设计时必须把负荷在各机组之间均衡分配。

因此，当负荷较大，机组台数较多时，不宜采用分列运行方式。

3.5.2 主接线形式

人防工程主接线形式一般为单母线或分段单母线接线形式。

单母线是主接中最简单的接线形式。这种接线是整个配电装置只有一组母线，所有电源和出线都接在同一组母线上、具有简单、清晰、采用设备少、操作方便、便于扩建等优点。但这种接线不够灵活、可靠，任一接于母线上的元件故障或检修，均需使整个装置停电；而且，所有电源均接在同一母线上，只能算作一个独立电源，不能保证Ⅰ级负荷的供电可靠性要求。因此这种接线方式只适用于出线回路少，对供电可靠性要求不高的工程中。

单母线分段接线是用断路器（高压）或自动开关（低压）将母线分段。母线分段后，可进行分段检修，对Ⅰ级负荷的重要用户，可以从不同母线段引出两个回路，使之有两个独立电源供电。这样当一段母线发生故障时，由于分段开关在继电保护装置的作用下，能自动将故障切除，从而保证了正常母线段的不间断供电。

由于单母线分段接线既具有单母线简单、经济、方便的优点，又在一定程度上克服了它的缺点，提高了供电可靠性，因而被广泛应用于人防工程中。

3.5.3 保证Ⅰ级负荷供电可靠性的措施

为保证Ⅰ级负荷对可靠性的要求，目前在防护工程中通常采取如下措施：

1）当工程内同时有内、外两种电源，当外电源故障时，应能将Ⅰ级负荷转换为内电供电，对要求较高的工程应能自动切换，以保证Ⅰ级负荷供电不间断。

2）工程中独立电源应接在不同母线分段上，Ⅰ级负荷应接到不同的两段母线上，采用电源侧（或负荷侧）自动切换。

3）当一台机组发生故障，其余机组容量不能满足全部负荷时，应采取自动（或手动）切除三级负荷措施，以保证Ⅰ级负荷的正常供电。联锁装置的设计必须安全可靠，防止内外电源及机组间的误并列。

3.5.4 保证供电质量的措施

为保证供电电压和频率的稳定，提高供电质量，目前防护工程所采取的措施主要有：

1）柴油发电机组采用自动电压调整装置。目前国产常用的自动调压装置有可控硅调压器、相复励磁调压器、谐波励磁调压器、无刷励磁调压器等。其中可控硅励磁调压器对无线电有一定干扰，选用时应持慎重态度。

2）为减少负荷变动而引起的电压波动，在设计时，应将大容量的动力负荷与通信设备、照明设备接在不同母线段上，以减少电动机启动对通信、照明负荷的影响。对电压质量要求很高的通信设备，可设置专门的稳压装置。

3）对较大容量的电动机，一般不应直接启动，而应设置降压启动设备，采用降压启动，以减少对系统电压的影响。

4）对电压质量要求较高的工程，变压器宜采用有载调压变压器。

3.5.5 典型主接线举例

根据各种工程的性质、作用和特点的不同，对供电可靠性和电压质量的要求也各不相同。因此，电气主接线也千差万别，现仅就几种人防工程常用的电气主接线，介绍其特点及适用范围。在实际设计中，必须根据工程的具体情况精心拟制。

（1）单母线主接线

图 3-1 表示了具有一台机组和一台变压器的单母线主接线。图中，内外电源和负荷回路均接在同一母线上，内外电源靠电气联锁装置防止误差列。这种主接线的优点是简单、清晰、采用设备少、操作方便、便于扩建。由于内、外电源接于同一母线上，对负荷讲，只有一个独立的电源供电，一旦母线或直接与母线相连的设备故障或检修时，将使整个系统停电。因此，单母线主接线可靠性差，只适用于对供电可靠性要求不高，负荷容量较小的工程中。

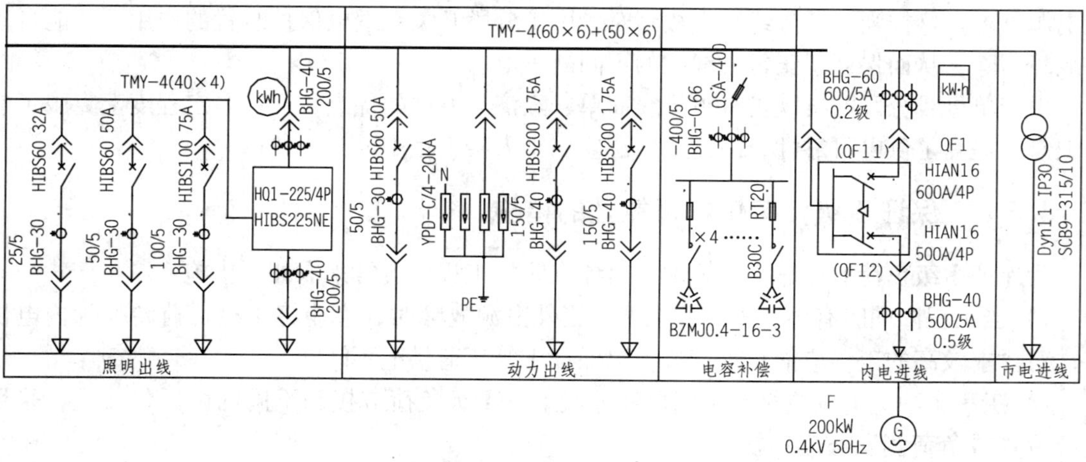

图 3-1 单母线主接线

（2）两台机组、一台变压器的主接线

图 3-2 所示为具有两台柴油发电机组和一台变压器的电气主接线。

由图可见，系统为单母线分段形式。两台机组分别接在两段母线上，变压器与备用机组接在同一段母线上，两段母线之间通过联络开关 QF1 相联络。为防止内外电源及两台机组之间的误并列，开关 QF11 和 QF12 之间采用电气联锁装置。为保证 I 级负荷的供电，采用双电源双回路在负荷侧自动切换系统。为减少动力负荷启动对电压的影响，将照明、通信负荷与动力负荷接在不同母线上分别供电。

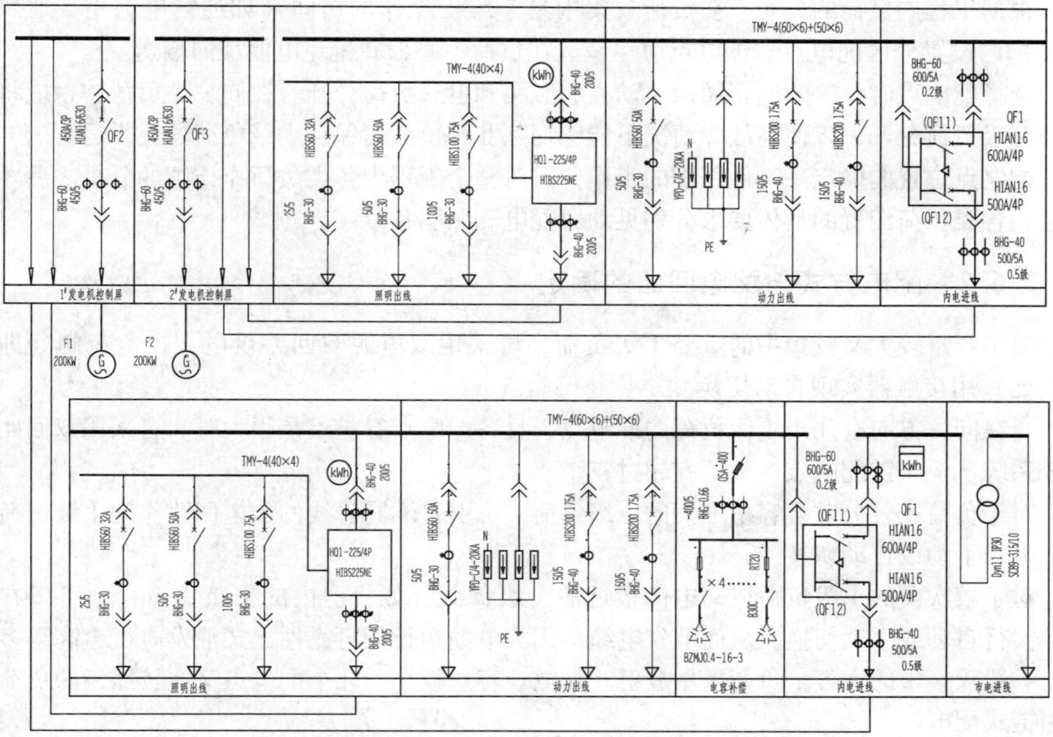

图 3-2 单母线分段主接线

该方案的主要优点是简单、灵活，可以满足各种运行方式的转换。但所有电源之间均采用电气联锁，使二次线路复杂。如果将这一方案的内外电源进线开关选用 ATS 自动切换开关的主接线，外电与一台机组之间的联锁将大大简化。

这种主接线简单、可靠、灵活，被广泛应用于中小型供电工程中。

(3) 三台机组分列运行的主接线

三台机组（其中运行两台、备用一台）和一台变压器分列运行的电气主接线。其运行方式是：平时工程内全部负荷由外电源经变压器供电。当外电故障或停电时，由 1#和 2#机组分别向两段母线供电，3#机组备用。当两台运行机组中任意一台故障，3#机组可手动或自动合闸，恢复供电。

这一方案的主要优点是可利用 ATS 开关的机械联锁装置可靠地防止了各电源之间的误并列，不需要电气联锁装置，从而大大简化了二次线路。

3.6 供电系统的配置

供电系统的配置是根据电气主接线和负荷情况（负荷的分布、等级、容量和电压等）确定整个供电系统的概貌。即确定整个供电系统的配电点的位置、数量、配电方式、配电回路，选择配电屏、控制屏、配电箱等配电装置，绘制供电系统配置图。

3.6.1 配电点的选择

根据工程内负荷的分布，在负荷较集中易于维护操作的房间（如通信电力室，通风机室等）内设置分区配电点。配电点应尽量选在负荷中心，并避免电能反向输送。

选择配电点时，一般应将通信、动力、照明和电热负荷分开。在同一类负荷中，应将Ⅰ级与Ⅱ级负荷分开，以便在故障情况下能够切除Ⅱ级负荷而保证Ⅰ级负荷的正常运行。

配电点位置的确定是一件仔细的工作，需对整个工程内各类负荷作详细的分析之后才能确定。各类负荷配置的具体要求分别见动力配电和照明各章。

3.6.2 配电方式与配电回路的确定

对于容量较大又较集中的重要Ⅰ级负荷，可采用双电源双回路供电，在负荷侧（即配电点处）用接触器实现自动切换。

当在同一方向有几个Ⅰ级负荷的配电点，且各配电点容量不是很大时，可采用双回路树干式系统，但干链配电点一般不宜超过三个。

对于负荷比较分散且容量不大的Ⅰ级负荷，可引自不同母线的配电回路作为Ⅰ级负荷电源，采用手动或自动切换。

对于较次要的Ⅰ级负荷或离电源很近的Ⅰ级负荷（如机房内的Ⅰ级负荷）也可以在电源侧实行自动或手动切换，从而节省电缆，因为电缆运行的可靠性比柴油发电机组高得多。

一般较集中的大容量负荷采用放射式配电。容量较小，几个配电点又比较靠近的负荷可采用链式配电。

照明系统可采用树干式、链式及放射式相结合的系统。主干线应采用树干式或链式的三相五线系统。根据工程结构划分为若干个分区，每区设一个照明配电点。通道照明一般应与房间照明分开配电，并由配电盘直接控制。

离电源或配电点较远的分散的单个动力设备房间，照明和电热可由动力线路供电。

一般照明和电热应分为二个系统配电，如果电热容量不大于照明容量的2~3倍时，允许和照明共用一个系统供电。

在进行供电系统配置时，应初步选出各配电干线、发电机和变压器引出线的电缆。电缆的截面积根据芯线允许发热选择，待配电点以下到负荷的支线选出后，再一起校核其电压损失，如不满足要求时，再适当增大干线或支线的截面积。

3.6.3 负荷的分配

供电系统每段母线上的负荷，应按机组实际出力，力求分配均衡。当系统转换或机组故障时，应根据负荷情况，适当切除部分或全部Ⅲ级负荷。

单相负荷应力求均匀地分接在三相内。当三相负荷不对称时，Y/Y。连接的变压器中性线电流应不超过其低压侧额定电流的25%，柴油发电机中性线电流应不超过其额定电流的20%。

3.6.4 成套配电装置

成套配电装置是以断路器（或空气开关）为主的成套电器设备。制造厂根据各种电气主接线的要求，针对不同使用场合、控制对象及主要电气元件的特点，将断路器、隔离开关、互感器、避雷器等设备按一定顺序，装配在封闭的或敞开的金属柜内，作接受和分配电能之用。根据需要，柜内还可以装设控制、测量、保护等设备。这些设备在制造厂已装配好，在现场只剩下少量的安装和调试工作。

成套配电装置的特点是：有金属外壳保护，其柜内的电气设备和载流导体不易受污染，便于维护。成套配电装置在制造厂进行定型设计与生产并采用合理的布置，使开关柜体积小、占地面积小、降低造价。配电装置的电气设备安装，线路敷设与建筑施工分开进行，可使基建时间缩短。成套配电装置在制造厂机械化成批生产，易于实现系列化、标准化，具有安装质量高、建设速度快、运行可靠性高等特点。成套配电装置还便于运输和扩建。

因此，目前人防工程中所采用的配电装置均为成套配电装置。在工程设计中，只要根据电气主接线和负荷的具体情况，合理选用制造厂的各种标准单元的开关柜，将它们有机地组合在一起，就能满足系统各种运行方式的要求。

人防工程常用的成套配电装置有：高压开关柜、发电机控制屏和低压配电屏等。

（1）高压开关柜

高压开关柜是按一定的接线方案将有关的一、二次设备组合起来的一种高压成套配电装置。它的每一个柜就是一个间隔，构成一个电气回路，制造厂生产各种一次接线方案的开关柜，构成各种不同的电气回路间隔。应用时，可按已设计好的电气主接线方案，选用各种接线方案的开关柜，组合起来便构成整个配电装置，以满足各种不同运行方式的需要。

目前人防工程所采用的高压开关柜有固定式和手车式两种。

固定式高压开关柜，目前主要型号有 KYN 系列金属全封闭移动式高压开关柜，其体积小，性能好，并具有“五防”特性，是目前推荐采用的产品。

手车式高压开关柜的断路器等主要设备可拉出柜外检修，推入备用手车后可继续供电，有安全、方便、缩短停电时间的优点，主要型号有 KYN、JYN 等。

（2）低压开关柜

目前，国内生产的低压配电屏主要分固定式和抽屉式两种。固定式又分为靠墙安装和离墙安装两种。靠墙安装固定式低压配电屏为单面维护操作，虽然给维护检修带来不便，但因其占用场地小，可以节省工程造价，在旧工程中应用较多。离墙安装固定式低压配电屏应用广泛，如 PGL 系列低压配电屏，其特点是结构合理，分断能力高，动热稳定性好，防护性能好，运行安全可靠。此外，生产厂家还生产有 PGJ 低压电容器补偿柜和 PGC 低压计量柜，可与 PGL 系列配电屏配套，使选用更加方便。

抽屉式低压配电屏具有馈电回路多、体积小、占地少、恢复供电迅速等优点，是目前普遍运用的低压配电装置，有 MNS 系列，GCK 系列等。

目前国内生产的中小型柴油发电机控制屏大都与机组成套供应。控制屏种类很多，型号规格、外形种类、尺寸也不够统一，但基本上可分为两类：移动式和固定式。

移动式发电机控制屏适用于小型移动电站，大多直接固定在柴油发电机组上，随机组一并供应，不需另设安装场地。

控制屏所配用的调压器及发电机励磁类型如表 3-7。

表 3-7 调压器及发电机励磁类型

控制屏型号	调压方式	调压器类型	励磁类型	调压器安装方式
BF－1－□□□LK	手动或自动	TLG1－□ 可控硅调压器	带励磁机	大容量装于控制屏内，小容量单独安装
BF－1－□□□LF	手动或自动	KFD－2 快速励磁调节器	带励磁机	调压器单独小屏
BF－1－□□□ZX	自动	TZ－□ TZ－□K 相复励励磁装置	不带励磁机 相复励自激恒压	调压器单独小屏
BF－1－□□□ZK	自动	TLG1－$\frac{01}{02}$ 可控硅励磁调节器	不带励磁机 自励恒压可控硅励磁	触发器装于控制屏内，主回路装于控制屏内或装于发电机内
BF－1－□□□SK	手动或自动	TSL－□ 三次谐波 可控硅分流调压器	不带励磁机 三次谐波励磁	触发器装于控制屏内，主回路装于控制屏内或装于发电机内

3.6.5 配电装置的选择

在主接线和配电点确定之后，就应着手选择配电装置。配电装置是由变压器、柴油发电机组和配电回路的数目以及主接线形式确定的。

高压开关柜是根据高压主接线的要求，电源进线数目，变压器台数等确定的。每一路外电进线应有一台开关柜，每一台变压器也应有一台开关柜，母线联络、电压互感器和避雷器等都需要开关柜。

低压发电机控制屏是随机组附带的，一般柴油发电机组选定后，控制屏也就确定了，每台机组有一块控制屏。每台变压器的低压侧要一块进线屏，母线联络通常有一块联络屏。其余的低压配电屏是根据负荷的需要选择的，较大负荷应选择回路较少、容量较大的配电屏，负荷容量较小、数量较多时，可选择回路较多的配电屏。此外，根据电能计费的需要，照明用电需设置单独的照明配电屏，以便将照明用电单独计费。

配电装置的型式应根据工程的使用情况、使用环境及与柴油发电机组配套的控制屏的型式来决定。一般与控制屏并列的配电装置宜选用双面操作维护配电屏。如果安置配电装置的房间较小，为节省占地面积，可选用单面操作维护配电屏。

固定式高压开关柜造价低、检修方便，但占地面积大。手车式开关柜处理故障迅速、占地面积小、密闭性强，但造价较高。在选择时，应根据工程的重要程度，配电装置所处的环境、条件以及工程造价等方面综合考虑。

动力、照明配电箱应根据负荷点的布局情况、负荷容量、单台设备功率等因素进行选择。

3.6.6 功率因素的提高

人防工程中负荷的功率因素一般在0.8左右，如果采用工程内部柴油电站供电，一般不需要进行功率因素的补偿。但采用外电时，则应根据供电部门对功率因数的要求和负荷的实际功率因数进行核算，当负荷功率因数低于供电部门要求时，必须进行功率因数的补偿。补偿功率因数常采用加装补偿电容器的方法，补偿电容器的容量按下式计算：

$$Q_c = Q_{j\Sigma} - P_{j\Sigma}\tan\alpha_2 = P_{j\Sigma}(\tan\alpha_1 - \tan\alpha_2)$$

其中，$\tan\alpha_1$为补偿前功率因数为$\cos\alpha_1$时，与之对应的正切值。

$\tan\alpha_2$为要求功率因数补偿到$\cos\alpha_2$时，与之对应的正切值。

$P_{j\Sigma}$、$Q_{j\Sigma}$分别为计算负荷的有功功率和无功功率。若补偿电容位于某配电点，用于改善这一条配电回路的功率因数时，$P_{j\Sigma}$、$Q_{j\Sigma}$分别为该条回路负荷的有功功率和无功功率。

Q_c为电容器的容量（kVAR），若为三相电容器，系指三相容量。选择电容器时，按额定电压、频率和容量确定。晶体管功率因数自动补偿装置，可以根据负荷电流的无功分量，自动投入或切除补偿电容器组，以将功率因数始终保持在0.90以上。

3.7 供电系统配置图

供电系统配置图是在已经确定系统主接线和选定配电装置后所绘制的反映整个供电系统概貌的综合性施工图纸。应该在图面上充分表示出系统所需要的数据。

如图3-3和图3-4所示，一张完整的供电系统配置图通常应表示下列各项内容：

1）柴油发电机组和变压器等电源设备的规格型号及主要额定数据。

2）系统的运行方式和操作说明。

3）以按顺序排列的配电装置表示的系统主接线的连接方式。

4）各种配电装置（包括高压开关柜，发电机控制屏，低压配电屏，动力照明配电箱等）的规则、型号。

5）各种配电装置内部电气元器件的规格，型号额定值和整定值以及各配电屏测量、监视表计等。

6）母线、电缆及线路的型号、规格、长度。

7）各种负荷的种类、性质、容量、安装地点以及供电距离等。

8）其他需要说明的内容：

为了使整个工程设计图纸统一配套，在供电系统图中，应对各主要设备和线路进行系统编号，以后在其他施工图中必须遵守这一统一编号。

一般发电机用F表示，有几个发电机时分别用1#F、2#F……来表示；变压器用B表示；有几个变压器时，分别用1#B、2#B……来表示。

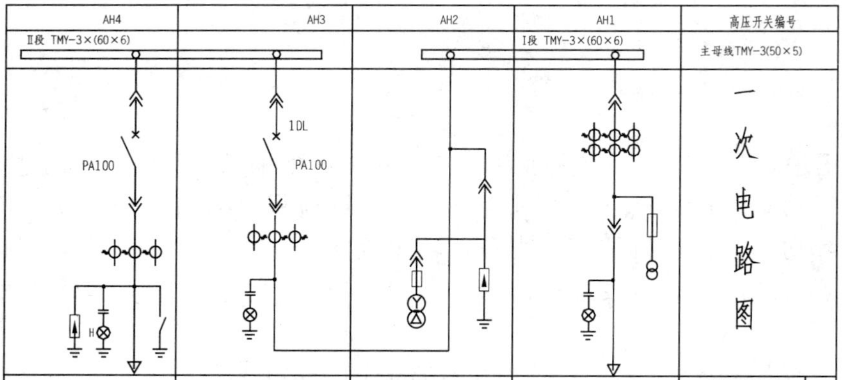

AH4	AH3	AH2	AH1	高压开关编号
KYN28-12	KYN28-12	KYN28-12	KYN28-12	高压开关柜型号
630A，25kA	630A，25kA			主要设备：真空断路器 HVF-12
2X20/5A,CL0.5	2X20/5A,CL0.5		2X20/5A,CL0.2S	主要设备：电流互感器 LZZBJ9-12/150B/2S
		2X10/0.22kV	2X10/0.1kV	主要设备：电压互感器 JDZX-10/REL-10
3		3	3	主要设备：避雷器 HY5WS2-17/50
		3	3	主要设备：高压熔断器 RN2-10-0.5A
1				主要设备：接地开关 JN15-12-80-210
1	1		1	主要设备：带电显示装置 DXNS3-10
PA100	PA100			主要设备：智能保护装置
315	315		315	安装功率（kV·A）
18.19	18.19		18.19	计算电流（A）
3X70	编号JX1		3X70	电缆YJV22-10kV、钢管SC100
变压器	进线柜	电压互感器柜	计量柜	用途
800X1500X2200	800X1500X2200	800X1500X2200	800X1500X2200	柜体尺寸
高温综合保护	综合保护	绝缘监察	绝缘监察	备注

说 明：

1.计量柜PT、CT及表计型号规格由供电局定。
2.负控装置由供电部门安装。
3.计量表由供电部门安装。
4.操作电源交流220V，取自PT柜。
5.进出线方式为下进下出线。
6.按自控要求AH3、AH4柜二次预留断路器状态信号接口。

图 3-3 高压配电系统图

配电装置按种类不同，分别编号。高压开关柜用 AH1、AH2……表示；照明配电箱则用 AL1、AL2 表示。

线路的编号是按动力、照明、干线和支线分别编号的。

发电机的引出线用 F－1、F－2……表示；励磁电缆用 L－1、L－2……表示；动力干线电缆用 P－1、P－2……表示；照明干线电缆用 L－1、L－2……表示。当一条配电干线与几个配电箱成链式连接时的编号是在原干线电缆编号的基础上再加一数字，以示区别，例如干线电缆为 P－2，则其以下所链接的电缆编号分别为 P－2－1、P－2－2……表示。

由配电箱引出的配电支线电缆的编号，是在该配电箱编号后加一短画线再加上数字，如由照明配电箱 AL2 引出的各支线编号应为 AL2－1、AL2－2……表示；由 5# 动力箱 D_5引出的支线编号为 D_{5-1}、D_{5-2}……表示。

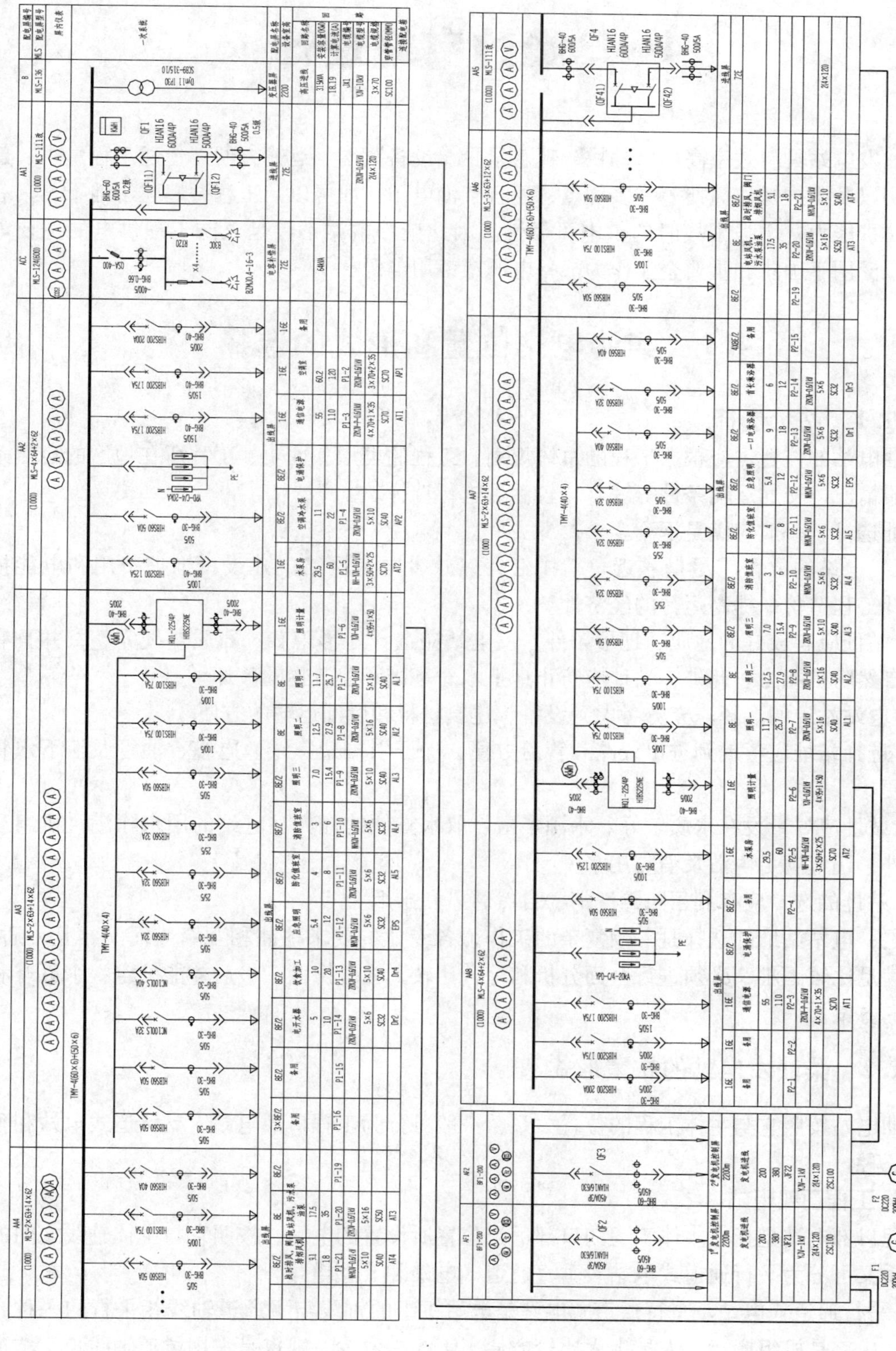

图 3-4 低压配电系统图

4 柴油电站设计

柴油发电站具有效率高、启动快、耗水量少、设备紧凑、运输方便、土建工程量小、建设速度快以及维护操作简便等许多优点，而且柴油电站一般可以与工程一起建于地下，具有一定的防护能力，增强了战时的供电可靠性。因此柴油电站不仅是人防工程供电的主要电源，也广泛用于国防和重要企业作为战备电源或备用电源。

4.1 柴油电站位置和形式的选择

4.1.1 站址选择

柴油电站的位置，应根据工程的总体规划、工程的类型和性质、工程所在地区的自然条件、地质情况，交通运输条件等综合比较后再进行选择。

地址选择，一般应满足下列要求：

1）发电站的位置应尽量靠近负荷中心，以减少电力网络的建设、维护费用和电能损失，降低工程造价，提高运行的经济性。

2）站址应有较好的地质、地形条件。发电站应选择地形隐蔽、石质坚硬完整，并且有一定的自然防护能力。此外，站址应防止地下水对基础和建筑物的破坏。

3）电站站址的选择应充分考虑到设备、建筑材料和燃油运输的方便。

4）选择站址应考虑到进出线路和管道方便，保证引接架空线、电缆、油管及上下水管道的方便。

5）站址应尽量设在水质较好、水源丰富、取水方便的地方。电站的用水除满足机组运行用水外，还应满足生活及消防用水。

6）站址的选择应有利于防毒洗消、自然通风和排烟。

总之，电站站址的选择是一项复杂的工作，各专业的要求往往相互牵连而又相互矛盾，要全部满足比较困难，必须进行全面分析和综合比较，充分协商，最后才能确定一个最有利最合理的方案。

4.1.2 柴油发电站的布置形式

柴油电站按照它与主体工程的位置关系，一般可分为工程口部电站、支坑道式电站和独立电站三种。

(1) 工程口部电站

工程口部电站是指在主体工程的口部适当位置所设置的电站，按照它与主体轴线之间的位置关系又可分为平行通道式电站、垂直通道式电站和π型电站。

1）平行通道式电站。平行通道式电站是电站机组的轴线与主通道轴线相平行的一种布置形式，优点是机组搬运、人员出入比较方便，管线拐弯少。缺点是占用坑道轴线长，坑道染毒地段长，对主体隔离效果差。一般在石质较好，机组容量较小，坑道轴线长度能排得下且对噪声要求不高的工程可采用这种形式。

2）垂直通道式电站。垂直通道式电站是电站的轴线与主通道轴线相互垂直的一种布置形式，主要优点是跨度较小，占用轴线短，对口部设备房间的布置影响小，可以根据石质及地形情况灵活配置，对主体隔离效果比平行通道式好。这种形式的缺点是不便于机组等大型设备的搬运，增加了辅助面积，当机组较多，房间较长时容易受地形的限制。这种布置形式多在工程轴线长度受到限制，机组容量大，机组数量不多而口部石质较差的工程中采用。

3）π型电站。π型电站是指整个电站呈π字形布置，其优点是平面布置上有较大的灵活性，占用主体通道的轴线较短，对主体隔音效果较好。但这种布置形式不便于机组等大型设备的搬运，管线长，转弯多，被覆接头多，平面布置较复杂，面积较大，利用率较低。只有在机组台数较多、容量较大时才采用π形电站。

（2）支坑道式电站

在主体的适当位置专门打一支坑道作为电站，称为支坑道式电站。支坑道式电站由于仅用一小通道与主体工程相连，电站本身自成一套系统，管线等布置较为灵活，可以单独设置机械和人员出入口，对主体防毒隔音效果较好。缺点是工程量较大，与其他形式相比，经济性较差。对噪声要求较高的指挥工程和重要的通信工程可以采用这种布置形式。

（3）独立电站

独立电站又称为外部窑洞式电站，其形式与支坑道式电站相同，只是无小通道与主体工程相通，一般由电站至主体采用埋设电缆的方式向主体工程或坑道群供电，这种电站的优点是对主体工程无干扰，隔离及防毒效果好，但工程量大，由于通过电缆线路与主体连接，供电可靠性较差。

总之，柴油电站的形式很多，各种布置都有其不同的特点和不足，在选择电站布置形式时，一定要兼顾各方面因素，综合分析比较，才能最后确定比较合理的方案。在防护工程中，一般二类及以上供电的工程应尽量设置支坑道电站；在地形条件不允许时，宜设制独立电站；机组较少、容量小的工程也可设置口部电站。

4.2 柴油电站的布置

4.2.1 电站的组成及相互关系

防护工程中柴油电站通常由机房、水库、油库、风机室、水泵间、维修间、备品间等房间组成。根据工程规律、性质的不同，上述组成部分可以适当增减，但应以满足战术技术要求和使用要求为准则。

人防工程中电站通常是染毒的，因此，在布置各组成房间时除满足使用要求外，还必须考虑防毒密闭问题。

（1）机房

当工程外部在染毒情况下，工程内部的清洁空气是有限的。为了使机组在外在染毒情况下继续工作，机房通常应设置在密闭范围之外，即所谓染毒区，这样，机组可以燃烧染毒空气，不致消耗工程内部的大量清洁空气。一般工程中电站机房通常设在缓冲通道或第一防毒通道段。

（2）控制室

控制室内装有发电机控制屏、高低压配电屏等设备，这些设备的操作均须与机房进行密切频繁的联系，因此控制室一般应紧靠机房设置。控制室内经常有人维护操作，不允许染毒，所以控制室必须设置在工程的密闭范围内，同时用密闭隔墙与机房隔开，墙上设置专用的密闭观察窗，以便于观察机组的运行情况。在控制室与机房之间应有专用的密闭通道，以及一系列的洗消设施，以便在防毒式通风期间，人员进入机房检修和操作。

如果控制室与机房相连布置确实不允许时，或者数个电站机房只有一个中央控制室时，也可以将控制室与机房分开布置，但必须采用比较完整可靠的遥控、自控装置和通信联络、监视设备，以保证机房与控制室的联系。

（3）水库、油库

水库和油库通常可以设置在机房的一端或一侧，水泵和油泵一般应布置在离水库、油库较近的单独小间内，布置的位置应考虑水管、油管走向的方便。

（4）机修、备用间

机修间主要是考虑柴油机和发电机检修而设置的，其面积不宜过大，一般在机修间内设置一些专用的工具台和小型加工机床以及电、气焊设备，此外还可以设置洗手盆、拖布池等。

备用间主要用来储存一些检修机组所用的储备零件，小型零件可放在专用的柜内，大型备件可放在储备架上。

机修间、备品间一般可以设在一起，布置在离机房较近的地方，以便于机修工作的进行。

（5）通风机室

电站的进风机和排风机通常设在专用的风机室内，风机室一般设在机房靠近工程口部的一端。

4.2.2 电站的布置原则和防毒密闭措施

（1）电站机房及附属房间的布置原则

电站机房和附属房间内的设备和管线布置应力求紧凑合理、整齐美观，被覆部分应尽量减少弯头和跨度种类。

站内的地沟、管线配置应力求简洁，弯头应尽量少，并尽可能减少交叉，地沟、地坪应具有一定坡度，以便于清扫和排水。站内设备布置时，要留出因设备搬运、检修、操作和维护所需要的足够空间，并应符合工艺要求。

电站机房和控制室应用密闭隔墙分开，主机房一般战时在原子袭击和毒气发散时允许染毒；而控制室不允许染毒，可与主体清洁区相通。

（2）电站的防毒、密闭措施

即使是染毒电站，其机房也应尽量减少染毒的可能性，柴油机的燃烧空气除直接从机房吸取外，可另设一根可以直接由坑道外吸气的进气管，以便在战时的染毒情况下，机组可直接从外部吸取燃烧空气。进气管的防护密闭措施与通风系统相一致。

机房与控制室之间的密闭隔墙上应设置密闭观察窗，各种孔洞和防毒通道必须采取与主体头部相应的严格密闭措施，防毒通道设置的密闭门应不少于两道，并应有必要的防毒洗消设备，机房内还必须设置事故排风和排除有害气体的设施、洗消设备以及个人防护设备。

根据工程的重要程度和使用要求，电站内部的操作和控制应尽量采用各种自动装置，并实行隔室操作和遥测测量。

4.2.3 机房布置

（1）机房设计的一般原则

电站机房的温度一般应在 15～30℃，最高不大于 35℃，相对湿度不大于 85%，噪声和有害气体应做适当处理。

柴油发电机组的热工系统的附属设备均应布置在机房内。

在机组上方至拱顶以及沿机组轴线两侧各 0.7m 及机组两侧维护通道 2.5m 以下的空间，严禁安装风水管道和其他与检修无关的设备。

机房内应设有专用的隔音电话间、值班人员休息室。

在条件允许时，机房内还应设置专用的洗手盆、拖布池以及厕所等。

（2）机组在机房内的布置

机组应该根据地质、地形、结构型式及各种设备的搬运、安装、运行、维护等条件布置，以使机房布置合理，使用方便。

机组在机房内的布置形式有单列平行布置（机组轴线与机房轴线相平行）、垂直布置（机组轴线与机房轴线相垂直）和双列平行布置三种形式，如图 4-1 所示。

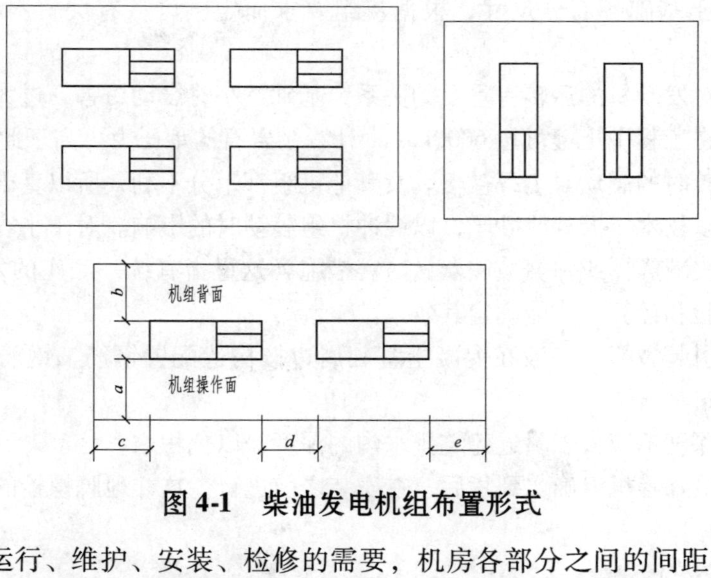

图 4-1 柴油发电机组布置形式

考虑到电站运行、维护、安装、检修的需要，机房各部分之间的间距有一定要求，表 4-1给出了机房内各部分布置间距的参考尺寸，可供设计时参考。

（3）机房的幅员

柴油发电机房幅员尺寸，应根据柴油发电机及其附属设备的安装及运行操作要求、柴油发电机的运输和检修所需的位置以及机房内管沟的需要适当安排确定。表 4-1 列出了机房的跨度和顶高，可供设计参考。

表 4-1 柴油发电机组外轮廓距墙的最小距离（m）

项目 \ 容量（kW）		64 以下	75～150	200～400	500～1000
机组操作面	*a*	1.60	1.70	1.80	2.20
机组背面	*b*	1	1.1	1.2	1.5
柴油机端	*c*	1.00	1.00	1.20	1.50
机组间距	*d*	1.6	1.8	2.0	2.2
发电机端	*e*	1.4	1.5	1.6	2.0
机房净高	*f*	3.50	3.50	4.00～4.30	4.30～5.00

（4）柴油发电机组的基础设置

发电机组体积较笨重，运行时的振动又较大，有的机组还没有统一的底盘，因而需要专门构筑供发电机用的混凝土基础，即使在有统一底盘的发电机组也需要构筑专门的基础，只有施工临时用电的发电机组，而又带有统一底盘时，才可考虑不设专门的基础，但也还应把地坪夯实，并填上枕木等防震材料，同时加以固定牢实才行。

对于工程内机组的基础，一般要用标号为 C150（即 1∶2.4 的比例）混凝土进行整体打筑，周围应留出 25～50mm 宽的隔离防震缝。

机组的混凝土基础各部分尺寸，根据机组要求而定，可从有关资料和机组样本中查出。

基础的构造对发动机的运转有重要的关系，基础过小时震动厉害，过大时材料浪费。基础的承受压力，在工程中土壤可按 6000kg/m^2 计算，岩石的承压力可高于此数值。

由于机组运转时的震动对工程被覆以及其他机组都十分不利，所以基础四周的隔离、防震缝中，还得填以软木、沥青或砂子，以缓冲机组震动时的影响。对于小容量的机组还可在基座下面采用橡皮减震器或弹簧减震器做防震措施（这里指有统一底座的发电机组），同时还得做必要的实验和计算，才能确定其效果。

为防止震动引起裂缝，一般在混凝土基础周边按构造配置钢筋。钢筋直径 $\phi10$～$\phi12$，网眼 200～250mm。

一般基础的深度不应大于附近建筑排水沟的深度，以免积水。

基础的打筑最好等机组确实到货后，在安装之前进行，这样地脚螺栓的位置可以准确布置，以免返工。

（5）启动设备的布置

启动用蓄电池，通常布置在机组的背侧或尾端，为考虑到蓄电池的维护和定期充放电，体积较为笨重的蓄电池可以装设在专门用的小车上，便于搬用。

对于组数较多的启动用蓄电池的充放电，在电站内还须设一专门的充放电小间。小间内备有硫酸和蒸馏水等配置电解液的设备、材料以及专门的充电机组。

压缩空气启动的机组，通常将贮气瓶布置在机组的头部，以便启动操作。贮气瓶上的操作手轮距地面高 1～1.2m 为宜。

空气压缩机布置在机房的一端便于连接贮气瓶的地方，压缩空气管道可在地沟内敷设。

（6）供油、供水设备的布置

供油设备中的贮油池一般设在电站主机房的一端或一侧（通常在不经常通行的一侧），油箱通常可用钢板焊成，容量不宜过大，过大会使加工、运输不便，焊接后又会引起变形。为考虑运输和门口的尺寸关系，通常还在施工现场加工。需要贮油的体积较大时，可以多采用几只油箱并连。油库（贮油池）由于容量较大，为节约钢材一般用钢筋混凝土构筑，内贴防油层。油库的出油管最好设计成可以随油面调节的，这样可以保证沉淀，对于燃油的清洁度有很大帮助。油库（或贮油池）上应设置油位计，便于随时观察，对于设有遥测装置的工程，还应设计有遥测装置的油位计和油温计。油库（贮油池）内还应设置防火设备。

供水设备的布置通常由给排水专业负责设计，冷却水池、循环水池、混合水池等的布置与贮油池基本相同，供水管道和供油管道通常在地沟里敷设，下水道常用铸铁管，上水、冷却水采用钢管，供油管道常采用镀锌钢管。

4.2.4 控制室（配电室）和配电装置的布置

（1）设计原则

电站控制室主要是用来监视操纵发电机组的，室内除布置发电机控制屏和联络信号装置外，还应设置必要的通信联络设备，如电话机、交换机以及遥控测量、隔室操作等设备。有条件的工程还可以设置一部分电视或其他电子监视、测量设备。此外，还应设置值班桌、电工用品柜和值班人员的休息位置。

目前人防工程规模一般都较小，电站内机组台数不多，容量不大，单独设置控制室不很经济，大多数中小型电站的控制室均与配电室合用一个房间。低压配电屏与发电机控制屏排列在一起，这样既便于对机组的控制，又便于对整个工程供电系统的监视操作。

如果工程内有高压配电装置，则应设置单独的高压配电室，当高压开关柜数量较少时，可以考虑与低压配电屏布置在同一房间内，但高、低压配电盘一般应分别布置在两侧，操作通道的宽高应按高压考虑。

高、低压配电装置应按工程实际情况预留备用回路或备用盘的位置。

高、低压配电屏上严禁安装风管及其他无关设备。室内地面禁止安装与配电装置无关的管线和设备。如必须在操作和维护通道安装采暖设备时，应以不妨碍操作维护为原则。电站布置如图 4-2 所示。

（2）高压配电室

1）高压配电室长度超过 7m 时应开两个门，并宜布置在两端。

2）固定式开关柜操作通道的推荐尺寸，从盘面算起，单列布置为 2m，双列布置为 2.5m，当开关柜的数量较多时，其通道宽度应适当加宽。

3）当高、低压配电屏在同一房间内呈单列布置时，其高、低压配电屏之间净距不应小于 2m。

4）架空出线时，出线套管至室外地面的最小高度为 4m，出线悬挂点对地距离一般不低

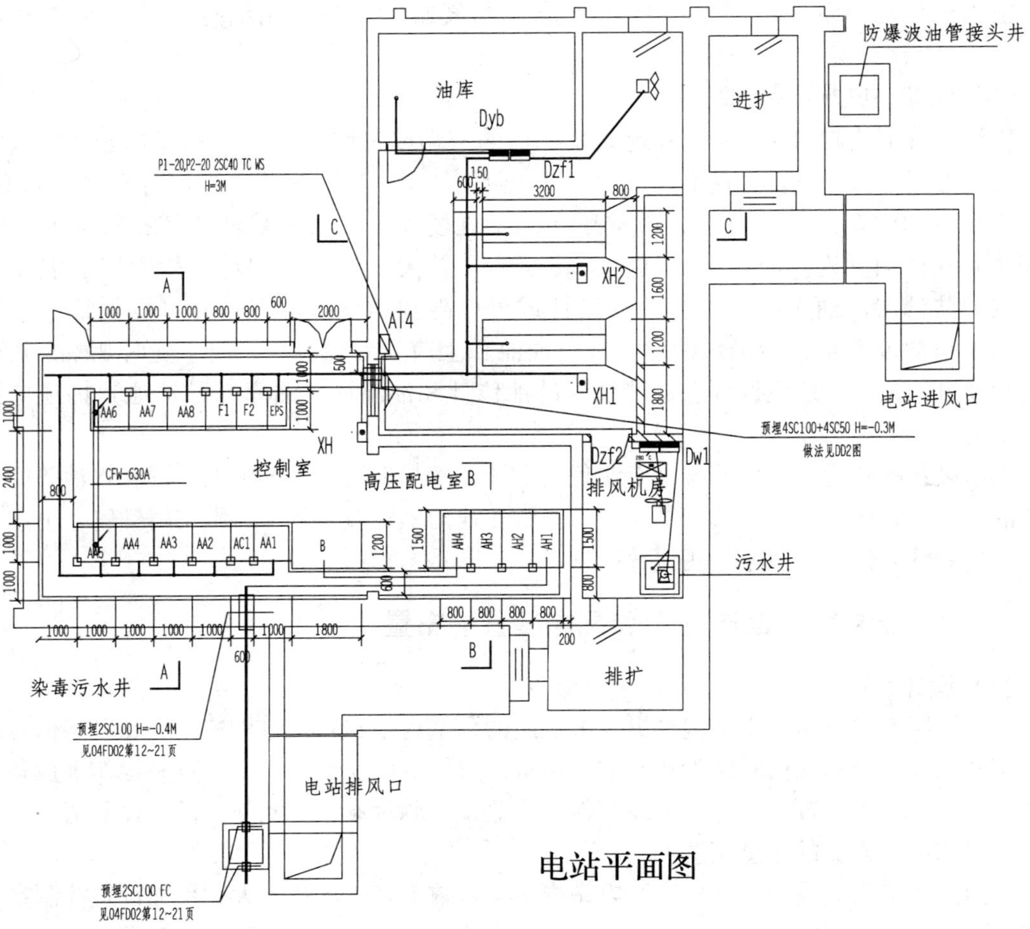

电站平面图

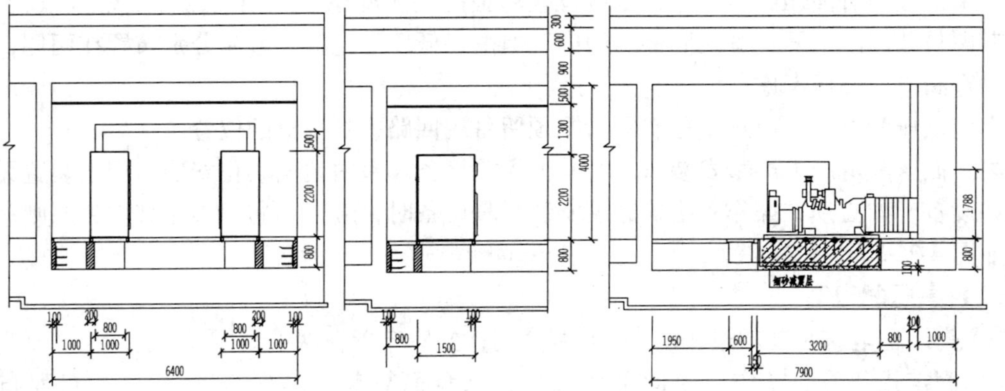

A–A剖面图　　B–B剖面图　　C–C剖面图

图 4-2　电站平面、剖面图

于4.5m，高压配电室净高度一般为4.2~4.5m。

5）室内电力电缆沟底应有坡度和集水坑，以便临时排水。

6）供给一级负荷用电的配电装置，在母线分段处应设有防火隔板或有门洞的隔墙。

高压配电室内配电装置各种通道的宽度，应不小于表4-2所列数值。

表4-2 各种坑道的最小宽度（净距mm）

通道分类	柜后维护通道	柜前维护通道	
		固定柜	手车柜
单列布置	800	1500	单车长+1200
双列面对面布置	800	2000	双车长+900
双列背对背布置	1000	1500	单车长+1200

注：1. 固定式开关柜为靠墙布置时，柜后与墙净距应大于50mm，侧面与墙净距应大于200mm。

2. 通道宽度在建筑物的墙面遇有柱类局部凸起时，凸起部位的通道宽度可减少200mm。

（3）低压配电室布置

1）低压配电屏一般应离墙安装，屏后的维护通道宽度不小于0.8m。当无发电机控制屏且数量较小时，也可采用单面维护式靠墙安装。

屏前操作通道的宽度当单列布置时不小于1.5m，双列布置时不应小于2.0m。

2）当配电室长度在7m以上时，一般两端各设置一道门（窑洞式布置除外）。除通往本室电压高的房间外，门一律向外开。

3）由同一低压配电室供给一级负荷用电时，母线分段处应有防火隔板。

低压配电室低压柜前后通道宽度应不小于表4-3所列数值。

表4-3 低压柜前后的通道宽度（mm）

布置方式	柜前操作通道	柜后操作通道	柜后维护通道
固定柜单排布置	1500（1300）	1200	1000（800）
固定柜双排面对面布置	2000	1200	1000（800）
固定柜双排背对背布置	1500（1300）	1500	1500
单面抽屉柜单排布置	1800（1600）	—	1000（800）
单面抽屉柜双排面对面布置	2300（2000）	—	1000（800）
单面抽屉柜双排背对背布置	1800	—	1500

注：1. 柜后操作通道指装有断路器需要柜后操作时。

2. 括号内数字为当柜后墙有局部突出时，通道最小宽度。

低压配电室通道上方裸露带电体距地面的高度应不低于表4-4数值。

表 4-4 低压配电室通道上方裸露带电体距地面的最小高度（m）

项目	柜前通道内		柜后通道内	
	母线不加防护网	母线加防护网后	母线不加防护网	母线加防护网后
裸露带电体距地面的最小高度	2.5	2.2	2.3	1.9

4.3 电站信号联络装置设计

在采用隔室操作的柴油发电站的布置中，为确保电站的正常和可靠的运行，除设立必要的专门维修通道、密闭观察窗外，通常在主机房和控制室、控制室与主体内部及其他设备房间之间都必须设立各种信号、通信等联络装置，这些装置又称作通信联络系统。如图 4-3 所示。

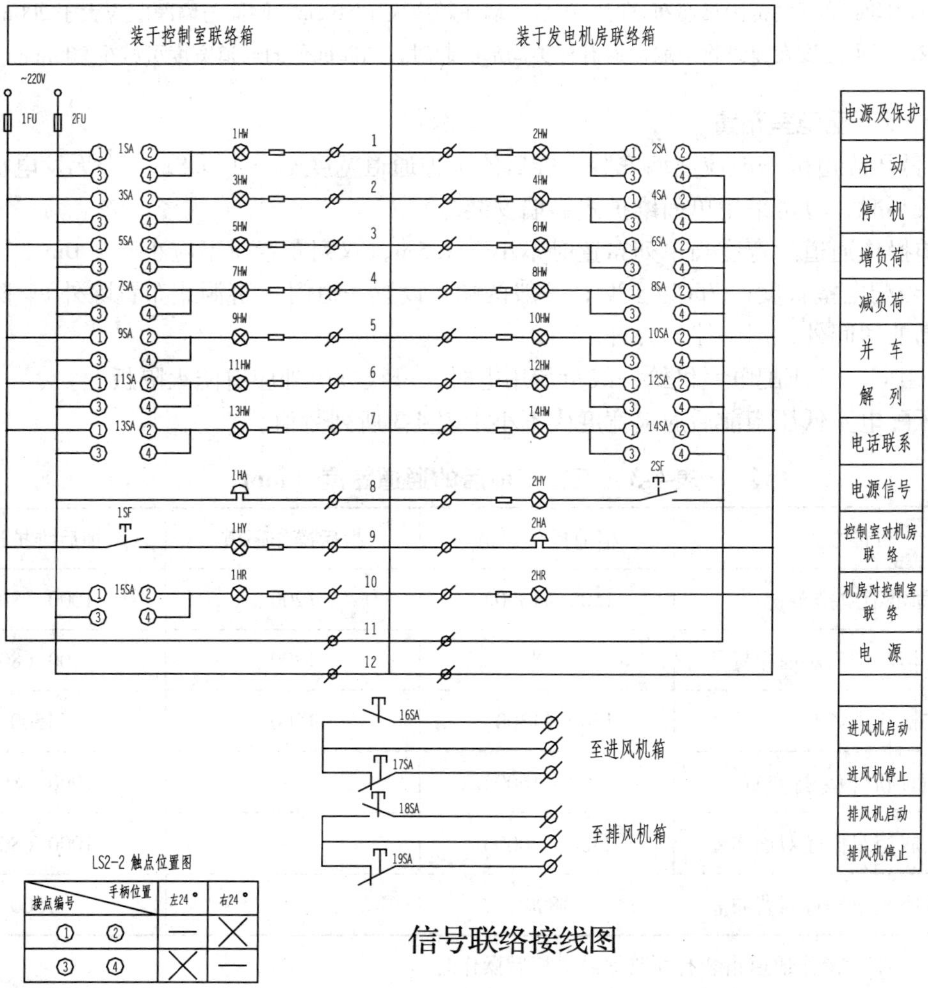

图 4-3 电站机组信号联络原理图

4.3.1 设计的内容

1）控制室与机房、总值班室（或主变配电室）之间应设直通电话；控制室与各个有人值班室的配电点之间应设有联系电话。

2）机房的电话应设在隔音电话间内，同时在机房内应有振铃和灯光信号装置。

3）为了使值班人员能够及时传达和应答有关机组各种运行方式的操作命令，每台机组应设两套联络用的仪表信号盘，分别设在机房柴油机旁和控制室发动机盘上，控制室的信号也可集中装设于发电机盘附近的专用信号控制盘上。

4）控制室和机房应设有标志各种通风方式的光字牌或信号灯。

5）在机房和控制室还应设置定时运行的时间指示信号或电钟、挂钟设备。

4.3.2 联络用仪表、信号装置

电站联络用仪表信号装置，通常包括下列部分：

1）柴油发电机组“启动”信号；

2）柴油发电机组“增加负荷”信号；

3）柴油发电机组“减少负荷”信号；

4）柴油发电机组“坚持运行”信号；

5）柴油发电机组“加速运行”信号；

6）柴油发电机组“减速运行”信号；

7）柴油发电机组“待并列”信号；

8）柴油发电机组“解列”信号；

9）柴油发电机组“紧急停机”信号；

10）柴油发电机组“故障”信号；

11）柴油发电机组“停机”信号。

联络仪表信号盘上除上述各种信号外还应有发动机的频率表和电压表。

在灯光信号使用的同时还应设有各种声音信号和事故音响信号等装置。

4.3.3 通风方式信号装置

为确保柴油发电机能正确的在各种通风方式下运行，以及保证人员的安全和及时维护操作，电站机房内和控制间内应分别装设通风方式信号。

通风方式信号有：①清洁式通风；②滤毒式通风；③隔绝式通风。除有明显的灯光信号外，还应设置警铃装置。

4.4 电站起重设备的设计

柴油发电机组属于大型设备，安装、检修都离不开起重运输设备。在进行柴油电站设计时，应根据设备的具体情况，在机房内设置必要的起重设备，以适应安装、检修机组的需要。

4.4.1 起重量的确定

1）机房内检修用的起重设备。起重量按中修起吊曲轴并留有一定的富裕量，对气启动的机组宜在机组上方的拱顶预留吊钩；

2）中、大型柴油发电站机组超过四台以上者应设置能适应机组起吊的起重设备。

4.4.2 起重设备

常用的起重设备按其运行方式可分为：手动起重机和电动起重机。

电动葫芦属于轻便的起重机械，可沿工字钢轨道（直线式曲线）往返移动，作起升和运输重物，可与电动单梁、电动悬挂、简易龙门等起重机配套使用。

电动单梁起重机有1t、2t、3t、5t四种起重量，跨度在4.5～17m之间，起重机的操作方向有两种型式：一种为地面操作；另一种为操作室操作。

4.5 电站排烟系统

4.5.1 排烟消波系统

人防工程中电站的排烟系统必须具有一定的防护能力，以保证在原子袭击时仍能正常工作，柴油机排烟系统的允许余压值，应根据工程的重要性和负载对电源的稳定性的要求参考表4-5选用。设计时，一般冲击波余压按0.9kg/cm^{2}考虑。

表4-5 冲击波余压对柴油发电机的影响表

冲击波余压（kg/cm^2）	冲击波作用时间（s）	对柴油机运转的影响	对发电机输出的影响	备　注
≤0.9	0.5	无	无	适于用电要求较高的工程
2	2	转速瞬时（1～2s）降低10%～15%	输出电压瞬时（1～2s）降低30%左右	不致停机，仍能供电，适用于一般要求不间断供电的工程
3	2.5	转速瞬时（1～2s）有较大降低、一般为25%～30%左右	输出电压在瞬时（1～2s）产生较大降低、在60%～75%左右	一般不会停机、但电压产生较大的降低，可能使磁力启动器脱扣，适于用电要求不高的工程

目前工程中排烟消波系统有活门+扩散室系统和活门+活门+扩散室系统两种。其中活门+活门+扩散室系统用在抗力36kg/cm^{2}及以上的工程中。活门采用悬摆式活门或压板式活门。悬摆式活门消波率为75%～85%，压板式活门的消波率为83%～95%。

4.5.2 排烟系统设计要求

1）当电站机房设置多台柴油机组时，各机组的排烟管应合并成一根干管或排烟道，经消波系统引向工程外部，组成独立的排烟系统。排烟管路应尽量顺直、减少弯头和附件，有条件时宜打筑斜井或竖井进行排烟。排烟系统的总阻力不应大于 $300mmH_2O$。

柴油机排烟管出口与排烟支管连接处，宜采用柔性连接。支管上一般装设排烟阀门。

2）排烟管引入工程外部时，应隐蔽伪装，防止向工程内部倒烟，并考虑冲击波破坏堵塞、防雨水和扩散消烟等措施。

3）排烟管应选用耐热、防腐和具有一定强度的管材，管壁厚度应根据抗冲击波破坏允许余压值和防腐蚀要求确定。

电站机房至消波装置的排烟管，应尽量架空明设。埋在被覆外的排烟管，应在方便的部位设置清扫孔。排烟管应不小于 0.5% 的坡度，并在每段最低点设置排污阀门。

4）排烟管必须采取防热措施，表面温度不超过 60℃，隔热材料应根据就地取材的原则，选用导热系数小、价格低、强度高、便于施工的材料。排烟管的直线段应考虑温度补偿，并尽量利用自然补偿。

4.5.3 排烟系统设备的选择

（1）排烟管

1）排烟管径选择，一般可按下式计算：

$$d = \sqrt{\frac{4G}{3600\pi w \cdot \gamma_t}}$$

式中 d——烟管内径（m）；

G——排烟量（kg/h）；

w——烟气流速（m/s），支管按 $w=20\sim25$，母管按 $w=8\sim15$ 考虑；

γ_t——烟气比重，支管按 400℃，$\gamma_{400}=0.535$；母线按 200℃，$\gamma_{200}=0.761$ 考虑。

具体各种柴油发电机组排烟管配管管径可查机组有关数据。

2）排烟管壁厚度，应根据防冲击波余压值和防腐蚀要求确定，表 4-6 列出了排烟管壁厚度与承受压力对照表，可供设计时选用。

3）考虑到防止烟管锈蚀，当烟管管径≤150mm 时可选用钢管和铸铁管；当管径≥200mm 时选用焊接钢管，表 4-7 列出了几种管材的规格。对大型电站，可采用排烟通道。

（2）阀门

排烟管上的阀门应根据受冲击波的余压的 2 倍及排烟温度选择，其密闭圈应为铸铁或不锈钢制成。

（3）法兰

法兰的工作压力与阀门的工作压力相同，选用标准法兰，其垫片选用 1.5～3mm 厚的石棉胶板并涂以黑铅粉。

（4）排烟管温度补偿

柴油机在运行以后，排烟管受膨胀的补偿方法有：

1）排烟管终端做成滑动固定，利用其自由伸缩来进行补偿；

2）当排烟管弯头较多角度较大时，可利用弯头的夹角变化来补偿；

3）排烟管道直线段较长的可装设三波补偿器、套管补偿器或波纹管来进行补偿。三波补偿器可不经常检修，但承受压力较小，装设于不受冲击波压力直接作用的管段；套管补偿器可承受较大压力，但需经常检修以保持其严密性，可装于受冲击压力直接作用并便于检修的管段；波纹管是较理想的温度补偿装置，它是一种具有横向波纹的圆柱形薄壁壳体，在荷载作用下，可获得较大的横向位移和角位移。

表 4-6 排烟管管壁厚度与承受压力对照表

<table>
<tr><td></td><td colspan="8">管壁厚度（mm）</td></tr>
<tr><td>冲击波压力（kg）</td><td colspan="2">3～6</td><td colspan="2">12</td><td colspan="2">24</td><td colspan="2">36</td></tr>
<tr><td>敷设方法
烟管外径</td><td>地沟及明设</td><td>被覆外</td><td>地沟及明设</td><td>被覆外</td><td>地沟及明设</td><td>被覆外</td><td>地沟及明设</td><td>被覆外</td></tr>
<tr><td>89</td><td rowspan="7">3</td><td rowspan="7">4.5</td><td rowspan="4">3</td><td rowspan="4">4.5</td><td>3</td><td>4.5</td><td rowspan="2">4</td><td rowspan="2">5</td></tr>
<tr><td>108</td><td rowspan="2">4</td><td rowspan="2">5</td></tr>
<tr><td>133</td><td>5</td><td>6</td></tr>
<tr><td>159</td><td>4.5</td><td rowspan="2">6</td><td>5.5</td><td>7</td></tr>
<tr><td>219</td><td rowspan="2">4</td><td rowspan="2">5</td><td>5</td><td>7</td><td>8</td></tr>
<tr><td>273</td><td>6</td><td>7</td><td>8*</td><td>8*</td></tr>
<tr><td>325</td><td>4.5</td><td rowspan="2">6</td><td>7</td><td>8</td><td rowspan="4"></td><td rowspan="4"></td></tr>
<tr><td>377</td><td rowspan="3">4</td><td rowspan="3">5</td><td rowspan="2">5</td><td>8</td><td rowspan="3">8*</td></tr>
<tr><td>426</td><td rowspan="2">7</td><td rowspan="2">8*</td></tr>
<tr><td>478</td><td>5.5</td></tr>
</table>

注：*根据抗力计算采取加强措施。

表 4-7 管材规格表

公称直径 D_g（mm）	1½″	2″	2½″	3″	4″	5″	6″
外径×壁厚 $D_h \times S$	48×3.5	60×3.5	75.5×3.75	88×4.5	114×4	140×4.5	165×4.5
重量（kg/m）	3.84	4.88	6.64	8.34	10.85	15.04	17.81
公称直径 D_g（mm）	125	150	200	250	300	350	400
外径×壁厚 $D_h \times S$	133×4	159×4.5	219×3	273×4.5	325×4.5	377×4.5	426×6
重量（kg/m）	12.75	17.15	15.98	29.7	35.6	41.3	62.2
公称直径 D_g（mm）	450	500	600	700	800	900	1000
外径×壁厚 $D_h \times S$	478×6	529×6	630×6	720×6	820×6	920×6	1020×6
重量（kg/m）	69.8	77.4	92.3	105.7	120.5	135.2	150

注：6″以下为水煤气输送钢管；ϕ200 以上为直缝卷焊钢管；其余为无缝钢管。

（5）防雨帽

排烟竖井露出地面不宜太高，以80cm左右为宜，应加装防雨帽，同时应考虑到冲击波作用下防雨帽被破坏不致堵塞管口。

4.5.4 排烟管的保湿

柴油发电机组运行时，排烟管散发出大量热能，这些热能散到柴油发电站机房以及通道中，将使机房温度升得很高，这样对机组的运行和人员的操作都是不利的，接近地面的管道还可能烫伤人员。为此对排烟管道必须做保温处理。

设计保温处理时，考虑保温材料应就地取材，并尽量选用导热系数较小的材料。

常用柴油发电机组在额定负载运行时其排烟温度可查柴油机样本。

保温材料性能见表4-8。

表4-8 保温材料性能表

名　称	容量（kg/m^3）	导热系数λ［kcal/（mh℃）］	安全使用温度（℃）	抗压强度（kg/cm^2）
玻璃纤维制品	100～160	0.035～0.05	400以下	—
石制品 500# 600#	<500 <600	0.075+0.00018	600	—
硅藻土制件	≤450	0.09+0.00018	—	4
矿渣棉制件品	130～250	0.035～0.06	800	1～2
石棉灰	245	0.112+0.00016	—	—

4.5.5 排烟管的敷设

1）为了便于安装维护和检修，排烟管尽可能采用明设，尽量少在或不在被覆侧墙外预埋敷设。

2）排烟管在地沟内敷设时，地沟尺寸不应太小，以便于安装和检修。为减少排烟管保温层施工时的工程量，在不可能积水的地沟内敷设时，可将保温隔热材料在排烟地沟中塞填、压实，但需采用有一定防潮性能的隔热材料，如石棉灰、矿渣棉等。

3）排烟管敷设时应有0.5%以上的坡度，在排烟管最低点设置放水阀，并设一放水管与建筑排水沟相连，以便排出管内积水。

4）排烟管敷设时应便于清除烟管内的积灰。

5）为了缩短烟管长度，减少排烟阻力，可根据工程情况采用由机房拱顶垂直或倾斜打竖井的排烟方式。

6）排烟管阀门安装不宜太高，以方便操作。

7）排烟支管与柴油机集气管连接时最好采用软接头连接，以免机组运行时造成机组和排烟管的机械性损坏。

8）排烟支管与排烟母管连接时可采用斜接（交角45°）异径或等径三通以减少排烟阻

力。排烟管敷设时尽量减少弯头和尽量沿最短路径敷设。

9）排烟管在敷设前排烟管内外应除锈并用高温防腐漆作防腐处理。

10）排烟管支撑一般可采用预埋角钢或混凝土支墩，其间距当排烟管直径小于150mm时为4~5m，直径D_g大于200mm时为5~7m。当设有补偿器时，在两个补偿器之间适当位置（考虑每个补偿器所担负能力计算）设一固定支架和若干个滑动支架。当设有烟加热水器时在烟加热水器两侧应设置支架和混凝土支墩。在拱顶敷设时可采用吊架安装，需在被覆施工时根据烟管直径大小和重量荷载预埋ϕ8~ϕ18钢筋头，其间距与角钢或混凝土支撑相同。

11）排烟管的连接通常应采用焊接，也可采用法兰连接，法兰连接时要做适当密闭处理，防止漏烟。

12）排烟管进消波室的标高，其管壁应高于消波室地面20cm；排烟管进排烟竖井的标高，其管下壁应高于竖井地面50cm。

4.6 电站施工图

4.6.1 电站施工图的内容及要求

由发供电专业完成的电站施工图包括：

（1）发电机组控制屏系统图

如果是新设计的控制屏，应画出控制屏的一次系统、二次系统原理展开图，二次接线安装图、盘台及屏内布置图，设备、仪表安装图，并车系统图等。

如果采用制造厂供应的成套控制屏，则应标明控制屏的型号、规格，一、二次系统的图号。

如果对成套控制屏有局部改动，则应绘出改动部分的详细图纸，以便制造厂加工。

（2）柴油发电站平断面布置图

包括主机房、控制室及其附属房间的平断面布置图，见图4-2。

平断面图中，应表示出：

1）各房间的相互位置、房间内各种设备的具体安装位置、安装方法等。

2）柴油发电机组各种系统管路的平面布置及走向，各种系统的管路应用不同的线条符号表示，以示区别。

3）各种电缆的平面布置和走向，图中应注明各种电缆的编号。

4）断面图中应体现出各种设备和管路在空间的相互位置。断面图的位置和数目，应能表示出所有的设备、管路、地沟的空间相互位置为原则，断面图应尽量减少。

（3）电站联络信号系统原理图

包括电话联络信号装置、直通电话以及通风方式自动控制装置的系统布置图，见图4-3。

（4）电站动力设备布置图

包括电站内各种动力设备如风机、水泵、油泵、起重机、维修电焊机等的供电系统以及各种设备布置平、断面图，应表示出各种设备的规格、型号，连接方式，各种设备的安装位置、安装方法、电缆编号、电缆的敷设位置及敷设方法等。

（5）电站照明系统布置图

包括电站内各房间通道等照明灯具的布置位置、安装方法、线路的敷设，各种电气设备的规格、型号及系统连接方式等。

（6）电站接地系统布置图

包括电站内各种接地装置的分布、接地支、干线的敷设布置等。

（7）电站的启动系统和排烟系统布置图

包括电站的启动系统以及各种设备的布置、安装位置和方法。排烟系统的组成，排烟管路的敷设、安装方法（一般由暖通专业设计）等。

上述各种图纸，还应列出图中所有的设备材料的规格、型号、数量以及必要的施工说明。并应根据工程的规模、系统的大小、设备的多少，适当地组合和增减，以使图纸紧凑、清晰、满足施工要求。

此外，在整套图纸中还应附有所有设计过程中采用的标准大样图或自己设计的施工大样图，以便施工。

4.6.2 电站设计对其他专业的要求

（1）对土建专业的要求

1）柴油发电机组、高低压配电屏和变压器等大型设备，在通道及电站中，能较方便地搬运，运输所需要的门洞和通道尺寸应按最大部件考虑。

2）柴油机房地面应用高标号水泥砂浆抹平，控制室和高低压配电室地面可根据具体情况考虑水磨石地面。

3）柴油机房及控制室、高低压配电室以及变压器室等电气设备房间应用白水泥浆喷白，柴油机房控制室还应做消声及隔音处理。

4）柴油发电机房地沟应有一定坡度并有排水设施，电站控制室、高低压配电室等电缆地沟或机房不应承受很大荷重的电缆地沟盖板，可采用钢盖板作防腐处理，以便电缆线路的安装维护和检修。承受大荷重的地沟盖板可采用钢筋混凝土盖板。

5）柴油机房应装设起重装置。

6）柴油发电机房与控制室之间应设密闭观察窗和与主体相适应的防护密闭措施。

7）柴油发电机组的基础应与沟壁及周围岩石隔开，并做防水处理；基础上面应预留20～40mm厚的二次灌浆层；基础上应有防油侵蚀的措施，一般在外表涂1～2次的水玻璃，并在基础的纵轴中心或基础周围设置集油槽；气启动柴油发电机组基础，通常应和机房地坪相平，以便于安装和检修；柴油发电机组应采取防震措施。

8）排烟活门室和扩散室尽量和电站机房处于通道的同一侧。活门室和扩散室应设密闭检查孔。

（2）对通风专业的要求

1）供给足够的燃烧空气，并经过油除尘器除尘。燃烧空气量应预留20%～30%的备用量。

2）不宜采用利用坑道内部废气作为燃烧空气的电站通风系统，当必须采用此方案时应保证实际含氧量不低于自然含氧量的95%；不允许将厕所及蓄电池室的排风送到电站，进气阻力应限制在100mmHg以下。

3）柴油发电机组温度应在30℃以下，短时最高不应超过35℃，相对湿度不大于80%。电站控制室温度为15~28℃，相对湿度不大于75%。

4）电站应设有事故排风和排出有害气体的设施，同时应保持室内空气的循环。对控制室应采取隔绝防毒措施。电站机房在防毒和隔绝通风时应尽量采取水冷，以减少机房染毒的浓度。

5）油库应设排风措施以排除挥发的油蒸气，防止浓度过大造成爆炸危害。

（3）对给水专业的要求

1）柴油供给系统应满足以下要求：①柴油应满足柴油发电机组运行的要求，并经过沉淀后用专用管道供油；②柴油机组须设日用量油桶，其油位高度应以保证燃油供给正常可靠为准；③燃油存储根据战术技术要求。一般设金属油箱或钢筋混凝土油池。应设置单独的储油间，并考虑防火。

2）冷却水应满足以下要求：①要有足够的冷却水量，并经过沉淀过滤。冷却水水质要求：耗氧量（表示有机物的含量）不大于25mg/L；机械悬浮物含量不大于10度（1度相当于100kg水中含氧化钙1g或磷酸钙1.79g或含硫酸钙2.44g）；含油量不大于5mg/L；不应含有游离矿物及有机酸。②冷却水进出水温及温差应满足机组使用的要求。③柴油机润滑油冷却器，冷却用水一般应保持回油温度在50~60℃以内。④设有电站冷却水泵的机组，应考虑在断电时或无外电源柴油机第一次启动时柴油机冷却用水，可利用高水位自流供水冷却，如135系列机组，同时又设有电动冷却水泵时，可设旁通管，以便用本身驱动的水泵冷却。

3）电站机房内应设有拖布池和洗手盆。

4）电站内或电站附近应设置供电站维护操作人员使用的厕所。

4.7 变压器室设计

由于人防工程战时供电可靠性要求高，平时使用、维护管理时间长，为了提高战时供电的可靠性和平时用电的经济性，对于一般较重要的人防指挥工程，在接用方便、经济合理的情况下，都应考虑引接外部电源。因此，变电所的设计就成为人防工程供电设计的重要组成部分。

外部电源的电压等级除因特殊需要而引接35kV的外电，建造35kV变电站外，在一般情况下外电电压以10kV为宜。外电引入坑道后，由设在坑道内的变压器降压后向坑道用电设备供电。因此，本章只叙述10kV变压器室的设计，对35kV变电站的设计，需要时可以查阅有关资料。

4.7.1 10kV变压器室的设计原则

在坑道内只设一个变电点的情况下，变压器室应尽量设在电站内或靠近电站，这样便于电站值班人员的操作与维护。当设在电站内或靠近电站有困难时，变压器室也应该设在靠近电力负荷较大的口部静荷载区。

在个别长坑道中，当低压配电不合理而要采用高压配电时，则分区变压器室应尽量设在分区负荷中心并靠近电源的位置，这样可以减少电缆的消耗和电能的倒送。

在确定变压器室的位置时，还必须考虑到变压器进出线的方便和满足运输变压器的要求。

以内电源为主，规模不大的工程，容量不超过400kV·A时，通常只设一台变压器；当容量超过400kV·A或由于受防护门、密闭门或通道幅员的限制，变压器运输有困难时，才考虑设置两台变压器。

变压器室的布置应在满足运行、维护、检修时安全、可靠、适用的条件下，因地制宜，充分利用坑道空间，力求布置紧凑，减少石方开挖量，降低工程造价。

4.7.2 变压器室的平断面布置

变压器室平断面布置应根据室内所设装备的多少、大小，各设备运行、维护、操作所需空间以及安全距离而定。通常，根据系统配置方案，变压器室内可以单独设置一台变压器，也可以将与其有关的开关柜装于变压器室内。

干式变压器（有防护外罩）与墙壁和门的最小距离见表4-9数值。

表4-9 干式变压器（有防护外罩）与墙壁和门的最小距离（m）

项目 ＼ 变压器容量（kV·A）／净距（m）	100~1000	1250~1600	2000~2500
干式变压器带有IP2X及以上防护等级金属外壳距后壁，侧壁净距	0.6	0.8	1.0
干式变压器有金属网状遮栏距后壁，侧壁净距	0.6	0.8	1.0
干式变压器带有IP2X及以上防护等级金属外壳与门净距	0.8	1.0	1.2
干式变压器有金属网状遮栏与门净距	0.8	1.0	1.2

有防护外罩的干式变压器，允许多台安装在同一房间内，如图4-4；其防护外壳间的最小间距见表4-10。

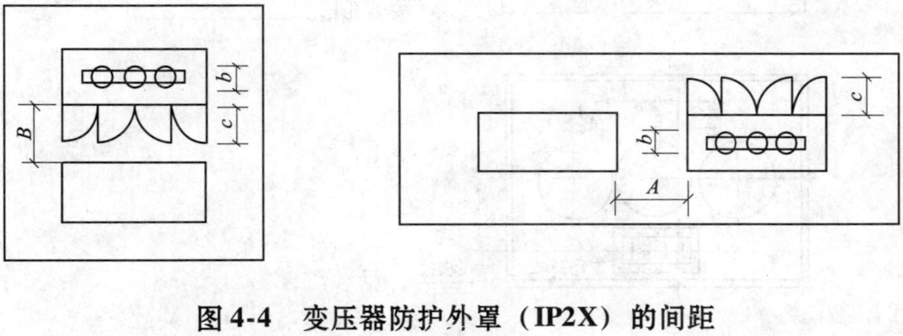

图4-4 变压器防护外罩（IP2X）的间距

表 4-10　变压器防护外罩间的最小距离（m）

项目 ╲ 变压器容量（kV·A）/ 净距（m）		100~1000	1250~1600	2000~2500
变压器具有 IP2X 防护等级及以上的金属外壳	A	0.6	0.8	1.0
变压器具有 IP4X 防护等级及以上的金属外壳	A	可以贴邻布置		
考虑变压器外壳之间有一台变压器拉出防护外壳	B	$b+0.6$	$b+0.6$	b+0.8
不考虑变压器外壳之间有一台变压器拉出防护外壳	B	1.0	1.2	1.4

注：变压器外壳门可以拆卸时，$B=b+0.6$；当变压器外壳门为不可拆卸时，其 B 值应是门扇宽度 C 加变压器宽度 b 再加 0.3m，即 $B=C+b+0.3$。

可燃油油浸变压器外轮廓与变压器室墙壁和门最小尺寸见表 4-11。

表 4-11　可燃油油浸变压器外轮廓与变压器室墙壁和门最小尺寸

变压器容量（kV·A）	100~1000	1250~1600 及以上
变压器与后墙及侧墙净距（m）	0.6	0.8
变压器与门的净距	0.8	1.0

干式变压器外形尺寸，干式变压器（带外壳）示意图见图 4-5，其外形尺寸见表 4-12。

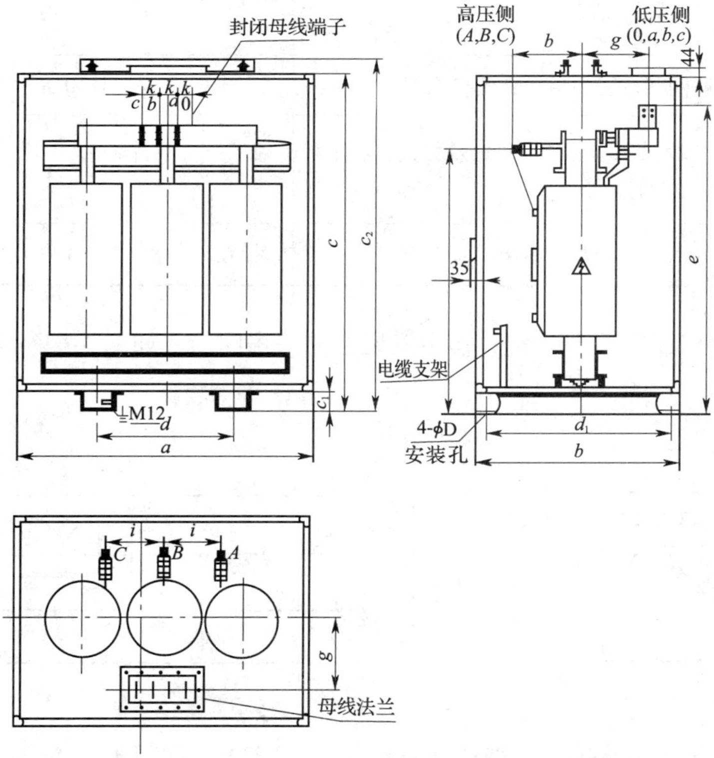

图 4-5　干式变压器（带外壳）示意图

变压器室的高度应根据室内开关或熔断器的情况以及变压器是否需要在室内检修而定。当变压器可以直接经门和通道运至坑道外检修时，为了减小幅员、降低造价，一般不考虑吊芯高度；当变压器需从堵死的出入口才能运出坑道或变压器室内设置开关设备时，则应按变压器在室内检修时的吊芯高度以及安装开关设备时的要求考虑拱顶高度。其具体尺寸可参见表4-13所列数据。此时，应按变压器吊芯的重量，在拱顶设置起重吊钩。

表4-12　干式变压器（带外壳）外形尺寸

型号	Uk	尺寸（mm）															封母端子
	%	*a*	*b*	*c*	*C1*	*C2*	*d*	*D1*	*e*	*f*	*g*	*h*	*i*	*k*	*D*	
SC9－250/10		1500	1200	1600	100	1694	550	1130	1500	1200	380	377	350	100	18	(a)
SC9－315/10		1600	1250	1600	100	1694	660	1180	1549	1230	380	389	350	100	18	(b)
SC9－400/10	4	1600	1250	1800	100	1894	660	1180	1689	1360	380	391	350	100	18	(b)
SCB9－500/10		1600	1350	2000	100	2094	660	1180	1800	1475	420	399	350	100	18	(c)
SCB9－630/10		1800	1350	2000	100	2094	660	1180	1800	1515	420	409	350	100	18	(c)
SCB9－630/10		1800	1350	2000	100	2094	660	1180	1800	1475	420	398	350	100	18	(c)
SCB9－800/10	6	1900	1350	2200	100	2294	820	1280	1990	1685	448	408	350	100	24	(d)
SCB9－1000/10		1900	1350	2200	100	2294	820	1280	2010	1685	478	418	350	100	24	(d)
SCB9－1250/10		2100	1450	2200	125	2294	820	1380	2080	1750	484	433	350	100	24	(e)

表4-13　变压器室拱顶高度的要求（m）

变压器室布置		100（kV·A）及以下	200（kV·A）	315（kV·A）	400～500（kV·A）	630～800（kV·A）	1000～1250（kV·A）
室内无其他设备，不需室内检修		3.0	3.5	3.5	3.5	4	4
需在室内检修	室内无其他设备	3.0	3.5	4.0	4.0	4.5	5.0
	室内设负荷开关或隔离开关（装在隔墙上）	3.5	3.5	4.0	4.0	4.5	5.0
	室内设负荷开关或隔离开关(装在复侧墙上)	4.5	4.5	5.0	5.0	5.5	6.0
	室内设跌落保险（装在隔墙上）	3.5	3.5	4.0	4.0	—	—
	室内设跌落保险（装在复侧墙上）	4	4	4.5	4.5	—	—

以上两表中所列数据均为以往设计运行的经验数据，可作参考。在具体设计时，还要根据具体设备情况以及运行、维护、操作和检修要求，本着安全、经济合理、适用的原则确定。

此外，表列数据均根据老系列变压器的尺寸、结构设计的。在设计中，如采用新系列变压器及开关设备时，还需根据设备情况，具体布置后确定变压器室的幅员尺寸。

根据电气设备安全距离的要求，地下工程中的电压为10kV及以下的变压器室内的开关熔断器对地距离不应小于1.8～2.0m；而不同相的导体间以及带电部分离墙的距离不小于12.5cm。

由于工作及安全方面的需求，变压器中性点外壳、金属构架、电缆头等均应良好接地，变压器室内应根据接地要求设置接地线。接地线通常用固定钩沿墙敷设，其中心至地面距离为30cm。

变压器室内除装设与其他有关的电气设备外，不允许通过其他用途的明设线路、管路、通风管及其他管沟设施。

4.7.3 变压器室通风和消防设施

（1）变压器室通风

变压器在正常运行过程中，变压器的线圈和铁芯中大约有占变压器额定功率容量2%～3%的能量损失。这部分能量损耗将全部转化为热能，使变压器各部件受到加热，温度升高。当达到一定温升时，变压器的发热量必然等于向周围空气的散热量。此时，变压器室内的空气将逐渐被加热，温度逐渐升高，如果不将热空气排除则将破坏在一定温升条件建立的热平衡状态，致使变压器各部件温度超过允许的数值。变压器各部件长期工作在高于允许温度的情况下将加速变压器绝缘的老化，缩短变压器的正常使用寿命，严重的将会导致变压器的故障。因此，变压器室内必须设置必要的通风设施。

根据目前我国各制造厂对所生产变压器的额定温升条件的规定，变压器室内空气温度一般应在40℃以下，进排空气温差不得超过15℃，并且应防止具有腐蚀性的气体进入变压器室。

地下工程中变压器室通风冷却措施的设计，一般由通风专业进行，电气专业只提供变压器的功率损耗以及室内空气温度和进排气温度的要求等数据。通常对散热量较小的小容量变压器只设置排风管，进行自然通风；对315～500kV·A的变压器则应设置轴流风机进行机械通风。对散热量很大的大容量变压器（630kV·A以上）还要考虑必要的冷却设备，冷却设备应设置在与变压器室相邻的单独房间内。

（2）变压器室的消防措施

油浸式的变压器其中充满可燃的矿物油，这就增加了火灾的危险性。而且，油的蒸气与空气混合后，电火花与电弧作用会发生爆炸。爆炸后，热油泛滥将造成火灾。因此，地下工程中的变压器不应采用油浸式的，而应用干式变压器。

4.7.4 变压器室安装施工图

变压器室安装施工图是指导变压器室正确而合理地进行安装工作的依据，安装施工图是否正确、合理和完整，将直接影响工程质量。绘制安装施工图是设计中一项重要而细致的工作。它除了要考虑运行、检修和维护的安全、合理、适用外，还必须考虑安装和施工的方便。

一般地说，变压器室的安装施工图包括：变压器布置结构图、装置及部件施工大样图以及二次回路安装图等。

变压器室布置结构图是表明变压器总体布置情况的图纸。图中应按照一定比例绘出整个变压器室的平面及必要的剖面图，表示出各种设备的位置、相互关系、变压器室的幅员尺寸以及材料表和必要的说明等。人防工程内一般采用干式变压器，可与高压开关柜或低压配电柜布置在一起。

5 电气设备的选择

5.1 高、低压电器选择的一般要求

5.1.1 高压电器选择的一般要求

为了保证高压电器设备的可靠运行，高压电器应按正常工作条件下的额定电压、额定电流进行选择，并按短路电流校验动稳定和热稳定，对断路器和熔断器还要按断流容量来选择。

对不同的安装、使用条件，如环境温度、海拔高度、空气介质情况等，应选择不同类型的高压电器。

另外，对断路器、开关等电器，还要考虑其操作的频繁程度；对互感器应考虑其负载和准确等级；对熔断器应考虑其上、下级的选择性配合。

一般在高压电器的选择中，各种电器在选择时应该校验的项目，见表 5-1 所示。

表 5-1　高压电器选择应校验的项目

项　　目	电压	电流	断流容量	短路电流	
				动稳定	热稳定
断路器	0	0	0	0	0
负荷开关	0	0	0	0	0
隔离开关	0	0	—	0	0
熔断器	0	0	0	—	—
电抗器	0	0	—	0	0
电流互感器	0	0	—	0	0
电压互感器	0	—	—	—	—
支柱绝缘子	0	—	—	0	—
穿墙套管	0	0	—	0	0
母线	—	0	—	0	0
电缆	0	0	—	—	0
移相电容器	0	—	—	—	—

5.1.2 低压电器选择的一般要求

(1) 按正常工作条件选择

1）电器的额定电压应不低于所在网络的额定电压，电器的额定频率应符合所在网络的

额定频率。

2）电器的额定电流应不低于所在回路的负荷计算电流。切断负荷电流的电器（如负荷开关）应校验其断开电流。接通和断开启动尖峰电流的电器（如接触器）应校验其接通开断能力和操作频率。

3）保护电器应按保护特性选择。

4）某些电器还应按照有关的特性要求选择，如互感器应符合准确等级的要求等。

（2）按短路工作条件选择

1）可能通过短路电流的电器（如刀开关、熔断器、自动开关），应满足在短路条件下的动稳定和热稳定的要求。

2）断开短路电流的电器（如熔断器、自动开关），应尽量满足在短路条件下的分断能力。

根据不同变压器容量和高压侧短路容量计算出低压母线短路电流后，即可校验变电所内的主要低压电器。变压器低压侧出线允许采用的电器最小规格见表5-2，表中数据的计算条件是高压侧短路容量为200MV·A、100MV·A、50MV·A（将电动机的反馈影响计算在内）。

表5-2　变压器低压出线允许采用的低压电器最小规格（额定电流，A）

SJL_1 型变压器			HD 型刀开关		自动开关
容量（kV·A）	阻抗电压（%）	额定电流（A）	杠杆式	手柄式	DW_{10}
200	4	289	400	400	400
250	4	361	400	400	400
315	4	455	600	600	600
500	4	722	1000	100	1000
630	4	909	1000	100	1000
800	4.5	1155	1500	—	2500、2500、1500
1000	4.5	1443	1500	—	2500
1250	4.5	1804	—	—	4000、2500、2500

注：表中一栏内三个数值分别对应高压侧短路容量为200MV·A、100MV·A、50MV·A，并满足动热稳定要求的电器最小规格。

5.2　高压电器的选择

5.2.1　按工作电压和工作电流选择

电器的额定电压或最高工作电压不应小于所在回路的工作电压。熔断器、避雷器、电压互感器的额定电压应符合所在回路的工作电压。

电器的额定电流不应小于该回路的工作电流。

当电器的额定环境温度与实际温度不一致时，电器的最大允许工作电流按表5-3修正。

表 5-3 电器最高工作电压及允许最大工作电流

<table>
<tr><th colspan="2">项目</th><th>支持绝缘子</th><th>穿墙套管</th><th>隔离开关</th><th>断路器</th><th>电流互感器</th><th>电抗器</th><th>负荷开关</th><th>熔断器</th><th>电压互感器</th><th>移相电容器</th></tr>
<tr><td colspan="2">最高工作电压</td><td colspan="4">$1.15U_e$</td><td colspan="2">$1.1U_e$</td><td colspan="2">$1.1U_e$</td><td>$1.1U_e$</td><td>$1.05U_e$</td></tr>
<tr><td rowspan="2">最高工作电流</td><td>当 $\theta<\theta_e$ 时</td><td>—</td><td colspan="4">环境温度每降低 1℃ 可增加 $0.5\% I_e$，但最大不得超过 $20\% I_e$</td><td colspan="3">I_e</td><td colspan="2">—</td></tr>
<tr><td>当 $\theta_e<\theta\leqslant 60$℃ 时</td><td>—</td><td colspan="6">环境温度每增加 1℃，应减少 $1.8\% I_e$</td><td colspan="3">—</td></tr>
</table>

表中符号意义：

U_e——高压电器额定电压（kV）；

I_e——高压电器额定电流（kA）；

θ——实际环境温度（℃）；

θ_e——额定环境温度，普通型和湿热带型为 +40℃，干热带型为 +45℃。

5.2.2 按断流容量选择

断路器，熔断器及带熔断器的负荷开关的额定断流容量不应小于装设处的超瞬变（即次暂态）断路容量。

5.2.3 高压电器选择的特殊问题

（1）断路器

油断路器用于自动重合闸时，如果该产品规定能作自动重合闸使用，其断流容量不必降低；否则，其断流容量应作适当的降低。

少油断路器的断流容量与操作机构型式有关。当配用电动或弹簧操动机构时，其断流容量为额定值。如果用手动操动机构，其断流容量应按制造厂的规定适当降低，如 SN10-10 型配用手动操动机构时，其开断电流不大于 6kA。

频繁操作的断路器，宜采用真空断路器。

（2）熔断器

使用填充石英沙的熔断器（如 RN 系列）时，其工作电压要与额定电压相符，不应降低电压使用。例如，额定电压 10kV 的不能用于 6kV 线路上。

（3）跌开式熔断器

选择户外跌开式熔断器时，要使被保护线段的三相短路电流计算值大于其断流容量的下限值。如果三相短路电流计算值小于其断流容量的下限值时，则所产生的气体有可能不足以灭弧。

（4）限流电抗器

限流电抗器的电抗值要满足下列要求：

1）将电抗器后的短路电流限制到最大允许值以内，这时，电抗器的额定电抗百分数按下式计算：

$$X_{ek}\% \geqslant \left(\frac{I_j}{I_{dy}} - X_{*xt}\right)\frac{I_{ek}U_j}{U_{ek}I_j} \times 100$$

2）在电抗器后短路时要使用剩余电压保持一定水平，这时，额定电抗按下式计算：

$$X_{ek}\% \geqslant u_y\% \frac{I_{ek}}{I''}$$

式中 $X_{ek}\%$——电抗器在额定参数下的额定电抗百分数；

U_j——基准电压，取连接电抗器线路的平均额定电压（kV）；

I_j——基准电流（kA）；

X_{*xt}——电抗器前的系统电抗标幺值，以 U_j、I_j 为基准；

U_{ek}——电抗器额定电压（kV）；

I_{ek}——电抗器额定电流（kA）；

I_{dy}——短路电流最大允许值（kA）；

$u_y\%$——母线必须保持的剩余电压百分数，一般大于 60% ~70%；

I''——电抗器后短路时超瞬变短路电流值（kA）；

对母线分段电抗器以及其他具有快速保护的馈电线路电抗器，不必按照第二项要求进行验算。

5.2.4 高压电器的短路稳定校验

电器及导体的动稳定、断流容量，按照三相短路电流校验；热稳定一般按三相短路电流校验。但是当短路点计算电抗的相对值 X_{js} 小于 0.6（以系统容量为基准），则应按照热脉冲大值的短路校验。

高压电器选择需要进行稳定性校验，但根据设计和运行经验，一般对于 35kV 及以下的供电系统，通常在下列情况时电气设备可不进行动、热稳定校验，即：

1）断路器，当断路容量符合要求时；

2）负荷开关，当供电变压器容量在 10000kV · A 以下时；

3）隔离开关，在以下四种情况时：①35kV 户内及户外隔离开关；②10kV 及 6kV 户内隔离开关，当供电变压器容量在 10000kV · A 以下时；③10kV 户外式隔离开关在断路容量不大于 100MV · A 时；④6kV 户外式隔离开关在断路容量不大于 60MV · A 时。

4）绝缘子，母线；

5）电流互感器：当变比较大时（如在 75/5 以上）；

6）电缆：当截面为 $70mm^2$ 以上时。

此外根据技术规范规定，对下列情况不必进行短路校验：

1）用熔断器保护的电气设备；

2）用限流电阻保护的电器及导体（如电压互感器的引线）；

3）架空电力线路。

高压电器短路稳定校验的项目及计算公式见表 5-4。

表 5-4 高压电器短路稳定校验计算

电器名称	校验项目及计算公式
断路器、 负荷开关、 隔离开关	动稳定：$i_{ch} \leqslant i_{max}$，$I_{ch} \leqslant I_{max}$ 热稳定：$I_{\infty} \leqslant I_t \sqrt{t/t_j}$，如上式右边值大于电器的动稳定电流有效值，则： $I_{\infty} \leqslant I_{max}$
电抗器	动稳定：$i_{ch} \leqslant i_{dw}$；热稳定：$I_{\infty} \leqslant I_t \sqrt{t/t_j}$
电流互感器	内部动稳定：$i_{ch} \leqslant \sqrt{2} K_{dw} I_{el} \times 10^{-2}$ 外部动稳定： （1）样本标明允许力 F' 时，$i_{ch} \leqslant 10.65 \sqrt{aF'/l}$ （2）样本未标明 F' 而只给以 $a = 40$cm，$l = 50$cm 的动稳定倍数 K_{dw} 时， $i_{ch} \leqslant \sqrt{2} K_{dw} \cdot I_{el} \sqrt{\frac{50a}{40l}} \times 10^{-2}$ （3）样本标明有允许力 F_m 的母线型电流互感器 $i_{ch} \leqslant 7.55 \sqrt{aF_m/l_m}$ 热稳定：$I_{\infty} \leqslant \frac{K_t \cdot I_{el} \times 10^{-2}}{\sqrt{t_j}}$
支持绝缘子	动稳定：$F_{js} \leqslant 0.6 F_{ph}$，$F_{js} = 1.76 K \frac{l_c}{a} i_{ch}^2 \times 10^{-2}$
穿墙套管	动稳定：$F_{js} \leqslant 0.6 F_{ph}$，$F_{js} = 0.88 \frac{(l_{t1} + l_{t2})\ i_{ch}^2 \times 10^{-2}}{a}$；热稳定：$I_{\infty} \leqslant I_t \sqrt{t/t_j}$
母线	动稳定：$\sigma_{js} \leqslant \sigma_y$，$\sigma_{js} = 1.79 \frac{l^2}{aw} i_{ch}^2 \times 10^{-2}$ 热稳定：铜母线 $S_{min} = \frac{I_{\infty}}{165} \sqrt{t_j K_{jf}}$
电缆	热稳定：$S_{min} = \frac{I_{\infty}}{C} \sqrt{t_j}$

表中符号意义：

i_{ch}——三相短路冲击电流（kA）；

I_{ch}——三相短路全电流最大有效值（kA）；

i_{max}——电器动稳定电流（极限通过电流）峰值（kA），由样本查得；

I_{max}——电器动稳定电流有效值（kA），由样本查得；

I_{∞}——稳态短路电流（kA）；

I_t——电器在 t（s）内允许通过的热稳定电流（kA），由样本查得；

t——允许通过热稳定电流的持续时间（s）；

t_j——假想时间（s）；

i_{dw}——电抗器动稳定电流（kA），由样本查得；

$I_t\sqrt{t}$——电抗器热稳定度 $kA \cdot s^{\frac{1}{2}}$，由样本查得；

I_{el}——电流互感器的一次额定电流（A）；

K_{dw}——电流互感器动稳定倍数，由样本查得；

a——相间距离（cm）；

F'——电流互感器一次绕组出线端允许力（kg），由样本查得；

l——由电流互感器出线端至最近一个固定点的距离（cm）；

l_1——母线型电流互感器瓷套帽至最近一个固定点的距离（cm）；

l_m——母线相互作用的计算长度（cm），其值为$\frac{l_1+l_2}{2}$；

l_2——电流互感器内部长度（cm）；

F_m——母线型电流互感器瓷套帽处允许力（kg），由样本查得；

K_t——电流互感器的一秒钟热稳定倍数，由样本查得；

F_{js}——作用在绝缘子上的计算力（kg）；

F_{ph}——绝缘子抗弯破坏负荷（kg），由样本查得；

l_c——绝缘子间跨距（cm），当绝缘子两边的跨距不同取其平均值；

K——绝缘子受力系数，当绝缘子水平布置，母线平放时为1，母线立放时为1.4，当绝缘子垂直布置时为1；

l_{t1}——套管端与最近一个绝缘子间的距离（cm）；

l_{t2}——套管本身长度（cm）；

σ_{js}——作用于母线的计算应力（kg/cm^2）；

σ_y——母线最大允许应力（kg/cm^2），硬铝为700，硬铜为1400；

w——截面系数（cm^2），水平布置的三相母线，当平放时为$0.167bh^2$，立放时为$0.167b^2h$；b为母线厚度（cm）；h为母线宽度（cm）；

S_{min}——导线所需最小截面（mm^2）；

K_{jf}——集肤效应系数，当铝矩形母线在$1000mm^2$以下时为1，$1000\sim1200mm^2$时为1.1，铜矩形母线时为$1\sim1.18$；

C——热稳定系数，可从表5-5查得。

表5-5　导线和电缆允许温度及热稳定系数

导线种类和材料		短路时导体允许最高温度（℃）	导体长期允许工作温度（℃）	热稳定系数 C 值
母线	铝	200	70	87
	铜	300	70	171
10kV 油浸纸绝缘电缆	铝芯	200	60	95
	铜芯	220	60	165
6kV 油浸纸绝缘电缆及 10kV 不滴流电缆	铝芯	200	65	90
	铜芯	220	65	150

续表 5-5

导线种类和材料		短路时导体 允许最高温度（℃）	导体长期 允许工作温度（℃）	热稳定 系数 C 值
交联聚乙烯绝缘电缆	铝芯 铜芯	200 230	90 90	80 135
聚氯乙烯绝缘电缆	铝芯 铜芯	130 130	65 65	65 100

5.2.5 电气设备型式的选择

选择电器时必须考虑设备的装置地点和工作环境。由于户外条件比户内恶劣，因而在制造上把设备分为户内和户外两种形式。当户外装置处于特别恶劣的环境时，应采用特殊绝缘结构的加强型或高一级电压的设备。

为了适应各种不同的工作环境，电气设备还分为普通型、防爆型、湿热型、防污型和封闭型多种形式，可供选择。

此外，在选择电气设备时，还应对所用设备的供应可能性有所估计，以免引起设计修改并影响工期。

5.3 低压电器的选择

5.3.1 低压熔断器的选择

（1）熔断器熔体电流的确定

熔体额定电流的选择应同时满足正常工作电流和起动尖峰电流两个条件，并按短路电流校验其动作灵敏性。

1）按正常工作电流选择：$I_{er} \geqslant I_{js}$

2）按启动尖峰电流选择：

①单台电动机回路 $I_{er} \geqslant KI_{qd}$

②配电线路 $I_{er} \geqslant K_r \left[I_{qd1} + I_{js}(n-1) \right]$

③照明线路 $I_{er} \geqslant K_m I_{js}$

以上各式中 I_{er}——熔体的额定电流（A）；

I_{js}——线路的计算电流（A）；

I_{qd}——电动机的启动电流（A）；

I_{qd1}——线路中启动电流最大的一台电动机的启动电流（A）；

$I_{js}(n-1)$——除启动电流最大的一台电动机以外的计算电流（A）；

K——熔体选择计算系数，取决于电动机启动状况和熔断器的特性；

K_r——配电线路熔体选择计算系数，取决于最大一台电动机的启动状况、线路计算电流与尖峰电流之比和熔断器特性。当 I_{qd1} 很小时取 1，当较大时取 0.5～0.6，当 I_{js}（$n-1$）很小时按 K 考虑；

K_m——照明线路熔体选择计算系数，取决于电光源启动状况和熔断器特性。

3）按短路电流校验灵敏性

为使熔断器可靠动作，必须校验其灵敏性。即：

$$\frac{I_{dmin}}{I_{er}} \geqslant K_{lr}$$

式中 I_{dmin}——被保护段最小短路电流，在中性点接地系统中为单相接地短路电流 $I_d^{(1)}$，在中性点不接地系统中为两相短路电流 $I_d^{(2)}$；

K_{lr}——熔断器动作系数，一般为 4；Q-1、Q-2、G-1 级爆炸危险场所为 5。

（2）熔断器熔管电流的确定

1）按熔体额定电流和熔管的配合表，即可确定熔管的额定电流。

2）按短路电流校验熔断器的分析能力：

熔断器的最大开断电流 I_{kd}，应大于被保护线路最大三相短路冲击电流有效值 $I_{ch}^{(3)}$，这是因为熔断器在经受短路冲击电流时熔体通常在 0.01s 内熔断。计算公式为：

$$I_{kd.r} \geqslant I_{ch}^{(3)} A$$

当制造厂提供的熔断器极限分断电流为交流电流周期分量有效值 $I_{fd.r}$ 时熔断器的分断能力可用被保护线路三相短路电流周期分量有效值 I_d 来校验，即

$$I_{fd.r} \geqslant I_d A$$

（3）熔断器熔体动作选择性的配合

在低压配电系统中，当电源侧与负荷侧均设有短路保护时，应尽量使保护装置的动作有选择性。如果都采用熔断器保护，同型号熔体材料的上下级熔断器之间熔体电流等级相差 2～4 级，一般能满足保护选择性的要求。

5.3.2 自动空气开关的选择

自动开关主要用于配电线路和电气设备的过载、欠压、失压和短路保护，其用途分类见表 5-6。

表 5-6 自动开关用途分类表

名称	电流（A）	保护特性			主要用途
配电用自动开关	200～400	选择性	二段保护	瞬时、短延时	电源总开关和靠变压器近端支路开关
			三段保护	瞬时、短延时、长延时	
		非选择性	限流型	瞬时、长延时	靠变压器近端支路开关
			一般型		支路末端开关

续表 5-6

名称	电流（A）	保护特性		主要用途
电动机保护用自动开关	60～600	直接启动	过电流脱扣器瞬动倍数（8～15）I_e	保护鼠笼型电动机
		间接启动	过电流脱扣器瞬动倍数（3～8）I_e	保护鼠笼型，线绕型电动机
		限流式	过电流脱扣器瞬动倍数 $12I_e$	可装于靠变压器近端
照明用自动开关	5～15	过载长延时、短路瞬时		单极，除用于照明外还可用于信号二次回路
漏电保护自动开关	20～200	30mA，0.1s 分断		确保人身安全不因触电死亡和引起火灾

（1）自动空气开关额定电流的确定

自动开关脱扣器的额定电流 I_{ez} 不小于线路的计算电流 I_{js}，即：

$$I_{ez} \geqslant I_{js}$$

（2）瞬时动作过电流脱扣器的整定

配电用自动开关的瞬时过电流脱扣器整定电流，应躲过配电线路的尖峰电流，即：

$$I_{zd3} \geqslant K_z[I'_{qd1} + I_{js}(n-1)]$$

式中 K_z——自动开关瞬时脱扣器可靠系数，考虑电动机启动电流误差、负荷计算误差和自动开关瞬时动作电流误差，一般取 $K_z=1.2$；

I'_{qd1}——最大一台电动机全启动电流，$I'_{qd1}=1.7I_{qd1}$；

$I_{js}(n-1)$——除启动电流最大的一台电动机以外的线路计算电流。

选择性自动开关瞬时脱扣器电流整定值 I_{zd3}，不仅应躲过被保护线路正常时的尖峰电流，而且要满足被保护线路各级间选择性的要求，即大于或等于下一级自动开关瞬时动作电流整定值的 1.2 倍，还应躲过下一级开关所保护线路故障时的短路电流。

非选择性自动开关瞬时脱扣器电流整定值，只要躲过回路的尖峰电流即可，而且尽可能整定得小一些。

（3）短延时动作的过电流脱扣器的整定

配电用自动开关的短延时过电流脱扣器的整定电流，应躲过短时间出现的负荷尖峰电流，即：

$$I_{zd2} \geqslant K_{z2}[I_{qd1} + I_{js}(n-1)]$$

式中 K_{z2}——自动开关短延时脱扣器可靠系数，取 1.2。

短延时主要用于保护装置动作的选择性。自动开关短延时断开时间分 0.1s（或 0.2s）、0.4s 和 0.6s 三种，由此确定动作时间。

（4）长延时动作的过电流脱扣器的整定

配电用自动开关的长延时过电流脱扣器的整定电流：

$$I_{zd1} \geqslant K_{z1} I_{js}$$

式中 K_{z1}——自动开关长延时脱扣器的可靠系数，考虑负荷计算误差及自动开关电流误差，取1.1；

I_{js}——线路的计算电流。

长延时动作的自动开关在3倍I_{zd1}时可返回时间应大于短时尖峰电流的持续时间。使线路中所接的启动电流较大和启动时间最长的电动机正常全压启动时，长延时脱扣器不误动作。

配电用自动开关的延时特性见表5-7。

表5-7 长延时过电流脱扣器动作特性

$\frac{I}{I_{zd1}}\left(\frac{线路电流}{脱扣器整定电流}\right)$	下列额定电流脱扣器的动作时间	
	≤100A	>100A
1.0	不动作	不动作
1.3	<1h	<1h
2.0	<4min	<10min
3.0	可返回时间>1s或3s	可返回时间>3s、8s、15s

（5）照明用自动开关的过电流脱扣器的整定

照明用自动开关的长延时过电流脱扣器整定电流为：

$$I_{Zd1} \geqslant K_{K1} I_{js}$$

瞬时过电流脱扣器整定电流为：

$$I_{Zd3} \geqslant K_{K3} I_{js}$$

式中 I_{js}——照明线路的计算电流；

K_{K1}，K_{K3}——照明用自动开关长延时和瞬时过电流脱扣器计算系数，取决于光源启动状况和自动开关特性，其数值见表5-8和表5-9。

表5-8 照明开关过电流脱扣器计算系数

自动开关	计算系统	白炽灯、荧光灯、卤钨灯	高压水银灯	高压钠灯
带热脱扣器	K_{K1}	1	1.1	1
带瞬时脱扣器	K_{K3}	6	6	6

表5-9 照明用自动开关动作特性

$\frac{I}{I_{dz1}}\left(\frac{线路电流}{脱扣器整定电流}\right)$	1.0	1.3	2.0	6.0
动作时间	不动作	<1h	<4min	瞬时动作

（6）按短路电流校验自动开关的分断能力

1）分断时间大于0.02s的自动开关：

$$I_{jdz} \geqslant I_d$$

式中 I_{jdz}——以交流周期分量有效值表示的自动开关极限分断能力；

I_d——被保护线路的三相短路电流周期分量的有效值。

2）分断时间小于0.02s的自动开关：

$$I_{Kdz} \geqslant I_{ch}$$

式中 I_{Kdz}——自动开关开断电流（冲击电流有效值）；

I_{ch}——短路开始第一周期内的全电流有效值。

（7）按短路电流校验自动开关动作灵敏性

为使自动开关可靠动作，应按被保护段最小短路电流校验其灵敏度：

$$\frac{I_{dmin}}{I_{zd}} \geqslant K_{lz}$$

式中 I_{dmin}——被保护段最小短路电流，在中性点接地系统为单相接地短路电流 $I_d^{(1)}$，在中性点不接地系统为两相短路电流。

I_{zd}——自动开关脱扣器瞬时或短延时整定电流；

K_{lz}——自动开关动作系数，取1.5。

由于单相接地电流较小，如果自动开关不能满足灵敏度要求时，可采用过电流长延时脱扣器作后备保护。必要时，可另加零序保护装置。

（8）电动机保护用自动开关的选择

作电动机保护用的自动开关，应选择电动机保护用自动开关。

1）用自动开关的瞬时过电流脱扣器作电动机短路保护时，整定电流一般按下式决定：

$$I_{zd} \approx K_{js} I_{qd}$$

式中 I_{qd}——电动机的启动电流；

K_{js}——自动开关计算系数，取1.7～2。

2）自动开关长延时过电流脱扣器在6倍整定电流值时的返回时间，应等于或大于电动机实际启动时间。

3）用自动开关的长延时过电流脱扣器作电动机过负荷保护时，整定电流应按电动机额定电流选择。

5.3.3 刀开关的选择

刀开关应按线路的额定电压、计算电流和断开电流选择，按短路时的动、热稳定校验。

刀开关断开的负荷电流不应大于制造厂容许的断开电流值。一般结构的刀开关通常不允许带负荷操作，但装有灭弧室的刀开关，可作不频繁的带负荷操作。

刀开关所在线路的三相短路电流不应超过制造厂规定的动、热稳定值。刀开关动、热稳定性和保安型技术数据见表5-10。

表 5-10 刀开关动、热稳定性和保安型技术数据

额定工作电流（A）	1s 热稳定电流有效值（kA）		动稳定电流峰值（kA）		极限保安电流峰值（kA）	
	中央手柄式	杠杆操作式	中央手柄式	杠杆操作式	中央手柄式	杠杆操作式
$I_e=100$	6	7	15	15	30	30
$100<I_e\leqslant 250$	10	12	20	25	40	40
$250<I_e\leqslant 400$	20	20	30	40	50	50
$400<I_e\leqslant 630$	25	25	40	50	60	60
$630<I_e\leqslant 1000$	30	30	50	70	—	95
$1000<I_e\leqslant 1600$	—	35	—	90	—	110

5.3.4 交流接触器的选择

1）按线路的计算电流或电动机的额定功率选择接触器的等级，并根据安装场所的周围环境选择结构型式。

2）动、热稳定校验：接触器应按短路电流校验其动、热稳定。线路的三相短路电流不应超过接触器允许的动、热稳定值。如果接触器还有切断短路电流的任务时，还应校验其分断能力。

3）接触器吸引线圈的额定电流、电压及辅助触头的数目应满足控制回路接线的要求。

4）根据操作次数校验接触器所允许的操作频率。

常用的 CJ_{10} 系列接触器可用来启动和断开运转中的鼠笼型电动机，CJ_{12} 系列接触器一般用于绕线型电动机。

接触器在不同使用场合下，其额定工作电流或额定控制功率随使用条件存在很大差异。例如，接触器安装在控制箱或防护外壳内时，由于散热条件较差，环境温度较高，适当降低容量使用。用于控制启动和断开运转中鼠笼型电动机的 CJ_{10} 系列接触器可用来控制反接制动、反向及频繁通断鼠笼型电动机时，其控制容量必须降低使用。在操作频率很高的情况下，必须计及电弧能量的影响，在等效发热电流计算值的基础上留适当的余量来选择接触器的容量等级。

接触器一般和熔断器或自动开关配合使用，在切断电动机馈电回路短路故障的过程中，接触器本身也流过同样大的短路电流。如果接触器不能承受这样大的短路电流，将要受到严重破坏，甚至引起相邻回路的故障，造成严重后果。因此，最理想的情况是接触器也具有相应的动热稳定性或具有相应的断流能力，这样在短路故障消除后，就可以马上恢复供电。但目前我国生产的接触器尚不具有这样高的动、热稳定性。为了满足低压网络的最低要求，在选择接触器时，应该考虑接触器的保安性，交流接触器等控制电器的保安电流值见表 5-11。

表 5-11 交流接触器等控制电器的保安电流值

按回路 额定工作电流（A）	低短路电流回路用系列		中等短路电流回路用系列		高短路电流回路用系列	
	极限保安电流峰值（kA）	熔焊保安电流峰值（kA）	极限保安电流峰值（kA）	熔焊保安电流峰值（kA）	极限保安电流峰值（kA）	熔焊保安电流峰值（kA）
$I_e \leqslant 6$	1.0	0.5	—	—	—	—
$6 < I_e \leqslant 10$	2	1	—	—	—	—
$10 < I_e \leqslant 20$	3.5	1.7	—	—	—	—
$20 < I_e \leqslant 40$	8	4	—	—	—	—
$40 < I_e \leqslant 60$	12	6	15	7.5	15	7.5
$60 < I_e \leqslant 100$	17	8.5	20	10	25	12.5
$100 < I_e \leqslant 160$	20	10	22	11	30	15
$160 < I_e \leqslant 250$	22	11	25	12.5	35	17
$250 < I_e \leqslant 400$	25	12.5	35	17	50	25
$400 < I_e \leqslant 600$	32	16	45	22.5	70	35

5.3.5 热继电器的选择

热继电器可以作为连续或断续工作的交流电动机的过载保护，有的还可以用作断相保护。但对需要反接制动及频繁通断的电动机不宜采用热继电器保护。

1）热继电器的额定电流应大于回路或电动机的额定电流。

2）对无补偿的热继电器（如 JR_2 型），当环境温度 t 不等于制造厂规定的 +35℃时，应按下式修正：

$$I_t = I_{35}\sqrt{95 - t/60} \qquad (A)$$

式中 I_t——环境温度为 t（℃）的额定电流（A）；

I_{35}——环境温度为 35℃的额定电流（A）；

t——环境温度（℃）。

3）热继电器应满足电动机回路过负荷 20% 时可靠动作。

4）根据电动机的启动时间，按≥3s、≥5s、≥8s 可返回时间，选取 6 倍额定电流下具有相应可返回时间的热继电器。一般热继电器在 6 倍额定电流下可返回时间与动作时间有如下关系：

$$t_f = (0.5 \sim 0.7)t_d$$

式中 t_f——热继电器在 6 倍额定电流下可返回时间；

t_d——热继电器在 6 倍额定电流下动作时间，对 JR_{15}、JR_{16}、JR_0 系列热继电器大于 5s。

5）当需要断相保护时，宜选用带差动导板的三相热继电器，凡型号中有“D”的表是带断相保护装置。

5.3.6 电动机启动控制设备的选择

（1）电动机启动方式的选择

1）直接启动。鼠笼型电动机构造简单、使用方便、造价低、工作可靠，被广泛用于人防工程的通风、给排水、空压机、起重机等动力设备中。这类电动机的启动方式有直接启动和降压启动等。直接启动具有启动简单、可靠、投资少、启动时间短等优点，人防工程中的电动机大多数采用这种启动方式。但是直接启动具有较大的启动电流和启动电压降，对供电设备会造成短时过负荷，使整个供电系统电压波动大，将直接影响其他用电设备的正常运行。因此，直接启动方式并不是一切场合都可以采用，而是在一定条件下才允许采用；不能满足直接启动条件时，则需采用降压启动。

允许电动机直接启动的条件是：

对经常启动的电动机，其启动时系统母线最大电压降不得超过10%；不经常启动的电动机，启动时其系统母线最大电压降不得超过15%。对单台电动机专用的变压器，在电动机端头上允许的最大电压降：一般风机为40%；空压机及离心式水泵为35%。

用电设备的短时过负荷应不超过其最大允许值。对于供电变压器，每天启动6次，连续时间不超过15s，变压器的负荷率小于0.9时，最大启动电流为4倍。对于发电机一般也可以按上述规定。

2）降压启动。当电动机不能满足上述直接启动条件时，应采用降压的方式。降压启动因其启动电流小，对整个供电系统的电压质量影响不大。目前常用的降压启动方式有电阻降压、自耦变压器降压、星－三角转换和延边三角形、软启动。各种降压启动方式的特点及使用范围见表5-12所示。

表5-12 鼠笼型电动机降压启动方式

降压启动方式	电阻降压	自耦变压器降压	星－三角转换	延边三角形启动		
				抽头比例		
				1∶2	1∶1	2∶1
启动电压	KU_e	KU_e	$0.58U_e$	$0.78U_e$	$0.71U_e$	$0.66U_e$
启动电流	KI_{qd}	K^2I_{qd}	$0.33I_{qd}$	$0.6I_{qd}$	$0.5I_{qd}$	$0.43I_{qd}$
转动转矩	K^2M_{qd}	K^2M_{qd}	$0.33M_{qd}$	$0.6M_{qd}$	$0.5M_{qd}$	$0.43M_{qd}$
定型启动设备	QJ1型电阻减压启动器，PY—1系列冶金控制屏，ZX1与ZX2系列电阻器	QJ2型自耦减压启动器，GTZ型自耦减压启动器	QX1、QX2、QX3、QX4型星－三角启动器，XJ1系列启动器	XJ1系列启动器		
优缺点及使用范围	启动电流大，启动转矩小；启动控制设备能否频繁启动由启动电阻容量决定；需启动电阻器，耗损较大，一般较少采用	启动电流小，启动转矩较大，不能频繁启动，设备价格较高，采用较广	启动电流小、启动转矩小，可频繁启动，设备价格低，适用于定子绕组为三角形接线的中小型电动机如J3、JO3、J2、JO2系列	启动电流小，启动转矩较大，可频繁启动，适用于定子绕阻为三角形接线且有9个出线头的电动机、如J3、JO3系列		

（2）按电源容量确定直接启动电动机的最大功率

柴油发电机组直接启动鼠笼式电动机的最大功率与发电机组的励磁方式有关。在系统允许一定的最大瞬时电压降落的条件下，励磁系统强励倍数愈大、励磁速度愈快，也就是励磁回路时间常数愈小，则其直接启动鼠笼型电动机的容量就越大。根据运行经验，不同励磁方式的柴油发电机组，在满足最大瞬时电压降落为 1.5% ~2.0% 的条件下，其允许的直接启动电动机的最大容量如表 5-13 所示。

表 5-13 发电机、变压器直接启动电动机容量数值

电源	励磁方式	直接启动电动机容量的最大值
柴油发电机组	炭阻式自动电压调整器 可控硅调压器及相复励 自励恒压装置 三次谐波励磁	12% ~15% 15% ~30% 50%
变压器	—	不经常启动 30% 经常启动 20%

变压器直接启动鼠笼式电动机的最大容量与变压器所带其他负荷的大小、功率因数以及变压器的容量有关。表 5-14 所列为 6（10）/0.4kV 变压器允许直接启动鼠笼型电动机最大功率的数值，可供设计时参考。

表 5-14 6（10）/0.4kV 变压器允许直接启动鼠笼型电动机最大功率

变压器供电的其他负荷	启动时允许的电压降（%）	供电变压器容量 S_b（kV·A）					
		100	180	315	560	750	1000
		启动鼠笼型电动机的最大功率 P_d（kW）					
$S_{fh}=0.5S_b$ $\cos\varphi=0.7$	10	22	40	75	115	155	215
	15	30	55	100	185	240	280
$S_{fh}=0.6S_b$ $\cos\varphi=0.8$	10	17	30	75	100	130	185
	15	30	55	100	185	240	280

表中所列数据均系指电动机直接与变压器母线相连时的数据，如果供电线路较长，则应考虑电动机启动转矩对电压降低的要求，校核电动机端的电压将是否满足启动的要求。

（3）电动机降压启动设备的选择

电动机各种降压启动方式的特点及适用范围已如前所述。在具体选择时，仍需满足下列条件：

1）母线电压降不超过允许值，其计算方法与直接启动时相同，只是此时启动电流应按降压启动时的启动电流计算。

2）电动机的端电压需满足启动转矩的要求，即：

$$U_{d*} = \sqrt{\frac{1.1M_{j*}}{M_{qd*}}}$$

式中 M_{j*}——机械的启动初始静态力矩的标幺值，各种动力机械所需的力矩见表5-15；

M_{qd*}——电动机的启动转矩标幺值，可查产品样本；

U_{d*}——电动机端电压的标幺值，其计算方法与直接启动时相同，但其启动电流应为降压启动时的启动电流；

1.1——安全系数。

表5-15 常用机械所需力矩表

动力机械名称	所需启动静态力矩（额定力矩的百分比）
离心式空压机、水泵、空压机	30
往复式空压机、真空泵	40
持续额定容量的交、直流发电机	12
允许25%过负荷的交、直流发电机	18

3）变压器的过热不应超过允许值。在具体选择降压启动设备时，仍需按下列项目进行：

①降压启动设备的额定电压应大于或等于被控电动机的额定电压；

②降压启动设备的额定电流应大于或等于被控电动机的额定电流；

③降压启动设备所控制的最大电动机功率应大于或等于被控电动机的功率。

6 低压配电

6.1 低压配电系统设计

（1）低压配电系统的设计原则及设计要求（表6-1）

表6-1 低压配电系统的设计原则及设计要求

低压配电系统的设计原则	低压配电系统的设计要求
1. 低压配电系统设计应根据工程性质、规模、负荷容量及业主要求等综合考虑确定； 2. 自变压器二次侧至用点设备之间的低压配电级数一般不宜超过三级； 3. 各级低压配电屏或配电箱，应根据发展的可能性留有适当数量的备用回路，但在没有预备要求时，备用回路数宜为总回路数的25%； 4. 由公用电网引入的低压电源线路，应在电源进线处设置隔离开关及保护电器；由本单位配变电所引入的专用回路，可以装设不带保护的隔离电器； 5. 由树干线式系统供电的配电箱其进线开关宜选用带保护的开关，由放射式系统供电的配电箱，进线可以用隔离开关； 6. 单相用电设备，宜均匀地分配到三相线路上	1. 供电可靠性和供电质量应满足规范要求； 2. 系统接线简单，并具有一定的灵活性； 3. 操作安全，检修方便； 4. 节省有色金属消耗，减少电能损耗； 5. 经济合理，推广先进技术

（2）配电间设计要求（表6-2）

表6-2 配电间设计要求

配电间定义	配电间是指安装层配电箱、控制箱、垂直干线、接地线等占用的建筑空间
配电间基本要求	1. 宜设在负荷中心，进出线方便，上下贯通； 2. 配电间的数量视楼层的面积和大楼体形及防火分区等综合考虑，一般以800m^2左右，设一个配电间为宜。当末级配电间或控制箱集中设置在配电间时，其供电半径宜为30～50m； 3. 配电间的大小视电气设备的多少确定，一般需进人操作的，其操作通道宽度不小于0.8m；不进人操作的，可以只考虑管线及设备的安装，但配电间的深度不宜小于0.5m； 4. 配电间的门应向外开，不宜低于乙级的防火门标准；配电间的墙壁应是耐火极限不低于1h的非燃烧体； 5. 有条件时配电间与弱电间宜分开设置或设分隔； 6. 高层进人配电间，应该有照明等设施

续表 6-2

配电间定义	配电间是指安装层配电箱、控制箱、垂直干线、接地线等占用的建筑空间
配电间内设备安装要求	1. 配电间电气设备安装完毕后，所有孔洞应封堵，电缆桥架、插接式母线等通过楼板处的孔洞应堵塞严密； 2. 配电间内设备布置，电缆桥架与照明箱或照明箱与插接母线之间净距不小于100mm； 3. 配电间内高压、低压或应急电源的电气线路，相互之间应等于或大于300mm，或采取隔离措施，并且高压线路应有明显的标志。强电和弱电线路，有条件时宜分别设置在各自的配电间和弱电间内，如受条件限制必须合用房间时，强电与弱电线路应分别在配电间（弱电间）两侧敷设或采取隔离措施以防止强电对弱电的干扰

(3) 电力配电箱（控制箱）、照明配电箱设计要点（表 6-3）

表 6-3 电力配电箱（控制箱）、照明配电箱设计要点

配电箱种类	电力配电箱（控制箱）	照明配电箱
设计要点	1. 控制箱设置在被控设备的附近； 2. 链式接线系统，动力箱台数以不超过 3 台为宜； 3. 控制箱或动力箱电源进线，当采用链式进线方式时应设有隔离功能的保护电器，并考虑选择性配合，当进线是专线回路供电时，可只设隔离电器； 4. 控制回路电压等级除有特殊要求者外，宜选用交流 220V 或 380V	1. 照明配电箱的设置宜按防火分区布置并深入负荷中心； 2. 照明配电箱的供电范围宜考虑如下原则： 1）分支线供电半径宜为 30～50m； 2）分支线截面不小于 2.5mm^2 铜导线

6.2 低压配电线路的保护

低压配电线路的保护装置设计原则见表 6-4。

表 6-4 低压配电线路的保护装置设计原则

线路保护装置	短路保护	过负荷保护	接地故障保护
一般要求	低压配电线路的短路保护，应在短路电流对导体及其连接件造成危害之前，切断保障线路	过负荷保护应能在过负荷电流引起的温升对导体的绝缘、接头、端子等造成破坏之前，切断电路	接地故障保护的设置应能防止人身间接电击以及电气火灾、线路损坏等事故

续表6-4

线路保护装置	短路保护	过负荷保护	接地故障保护
设计原则	1. 短路保护电器一般宜选用断路器或熔断器； 2. 电缆线路宜进行短路稳定校验； 3. 短路保护应装设在各相线上，但对于N线不引出的三相三线IT系统可以只设在二个相线上； 4. 一般情况下利用相线上的保护电器保护N线。当N线的截面等于或虽小于相线截面，但已能为相线上的保护电器所保护时，则N线不需要装设保护电器。当相线上的保护电器不能保护N线时，则N线应设有单独的保护电器，如加装零序保护或漏电保护； 5. 短路保护电器的分段能力，应能切断安装处的最大预期短路电流； 6. 为了操作维护的方便，保护电器可以装设在离干线3m以外的地方，但该段线路应满足相关的要求； 7. 当用断路器作为短路保护电器时，该回路短路电流不小于其瞬时或短延时动作电流整定值的1.3倍，以保证断路器的可靠动作； 8. 在线芯截面减小处、分支处或导体类型、敷设方法、环境条件改变后载流量减少处的线路，当越级切断电路，不引起故障线路以外的一、二级负荷的供电中断，且符合一定条件时，可不装设短路保护	1. 下列情况应装设过负荷保护： 1）民用建筑的照明线路； 2）有可燃绝缘导线，可能引起火灾的明敷线路； 3）易燃、易爆场所； 4）临时接用的插座线路； 5）有可能长期过负荷的电力线路 2. 下列情况可以不设置过负荷保护： 1）上一级过负荷保护装置，能有效地保护该段线路，且不影响一、二级重要负荷的供电； 2）不可能增加用电量的线路； 3）由于电源容量的限制，不可能有过负荷出现的线路； 4）控制和信号线路； 5）不设短路保护的线路 3. 对于运行中不允许断电的负荷，如消防水泵，消防电梯等，突然断电比过负荷造成的损失更大的线路，其过负荷保护不动作于跳闸，可动作于信号； 4. 过负荷整定电流，应躲过启动过程中的尖峰电流； 5. 过负荷保护电器的分断能力，当只用于过负荷保护，而并非用作短路保护时，分断能力可以低于短路电流最大值，但应能耐受短路电流的冲击； 6. 对装在箱内（柜内）的多个保护电器，因散热条件差，应考虑降容量使用	1. 接地故障保护电器的选择应根据配电系统的接地型式、电气设备防触电保护等级和使用特点、导体截面、环境影响等因素经技术经济比较确定； 2. 接地故障保护装置，应能在故障线路引起人身伤亡、火灾事故及线路损坏之前，迅速有效地切断故障电路； 3. 切断接地故障线路的时间极限值，应根据系统的接地形式和电气设备的使用情况而定，但其最大值不宜超过5s； 4. 设有如下措施之一时，可以不设接地故障保护： 1）采用双重绝缘或加强绝缘的电气设备（即Ⅱ类设备）； 2）采用电气隔离措施： ①采用安全低电压； ②将电气设备安装在非导电场所内； ③对于Ⅰ类电气设备，在正常环境内，人身触电安全电压不大于50V； ④设置不接地的等电位连接

注：1. 配电系统的各级保护之间应有选择性配合。
2. 配电系统的保护应与系统的接地形式相适应。
3. 配电线路的故障，应确保在发生故障时能及时地自动切断故障线路。

6.3 配电电器类别

（1）配电电器类别（表6-5）

表6-5 配电电器类别

配电电器类别	断路器	熔断器	刀形开关	转换开关
种类	1. 万能框架式断路器 2. 塑料外壳式断路器 3. 限流式断路器 4. 漏电保护断路器 5. 灭磁断路器 6. 直流快速断路器	1. 有填料熔断器 2. 无填料熔断器 3. 半封闭插入式熔断器 4. 快速熔断器 5. 自复熔断器	1. 大电流隔离器熔断器式刀开关 2. 开关板用刀开关 3. 负荷开关	1. 组合开关 2. 换向开关
用途	用于线路过载、短路、漏电或欠压保护，也可用于不频繁接通和分断电路	用于线路和设备的短路、过载保护	主要用于电路隔离，也能用于通断额定电流	主要用于两种及以上电源或负载转换通断电路之用

（2）熔断器使用类别与种类（表6-6）

表6-6 熔断器使用类别分类

分类		熔断器类别
按分断范围	g	全范围分断——连续电流不低于额定电流，可分断最小熔化电流至其额定分断电流之间的各种电流
	a	部分范围分断——连续承载电流不低于额定电流，只分断低倍额定电流至其额定分断电流之间的各种电流
按使用类别	G	一般用途：可用于保护包括电缆在内的各种负载
	M	用于保护电动机回路

注：对于上述二种分类可以有不同的组合如gG、aM。

（3）低压断路器用途分类（表6-7）

表6-7 低压断路器用途分类

<table>
<tr><th>断路器类型</th><th>电流范围（A）</th><th colspan="3">保护特性</th><th>主要用途</th></tr>
<tr><td rowspan="4">配电用低压断路器</td><td rowspan="4">100～400</td><td rowspan="2">选择型（B类）</td><td>二段保护</td><td>瞬时，短延时</td><td rowspan="2">电源总开关和靠近变压器近端的支路开关</td></tr>
<tr><td>三段保护</td><td>瞬时，短延时，长延时</td></tr>
<tr><td rowspan="2">非选择型（A类）</td><td>限流型</td><td rowspan="2">瞬时，长延时</td><td>变压器近端的支路开关</td></tr>
<tr><td>一般型</td><td>支路末端的开关</td></tr>
</table>

续表 6-7

断路器类型	电流范围（A）	保护特性			主要用途
电动机保护用断路器	16～630	直接启动	一般型	过电流脱扣器瞬时整定电流（8～15）I_n	保护鼠笼型电动机
			限流型	过电流脱扣器瞬时整定电流 $12I_n$	用于靠近变压器近端电动机
		间接启动	过电流脱扣器瞬时整定电流（3～8）I_n		保护鼠笼型和绕线转子电动机
照明用微型断路器	6～63	过载长延时，短路瞬时			用于照明线路和信号二次回路
剩余电流保护器	6～400	电磁式	动作电流分为 6mA、15mA、30mA、50mA、75mA、100mA、300mA、500mA，0.1s 分断		接地故障保护
		电子式			

注：I_n 表示过电流脱扣器额定电流，对可调式脱扣器则为长期通过的最大电流，A。

（4）塑料外壳式断路器与万能框架式断路器（表 6-8）

表 6-8　塑料外壳式断路器与万能框架式断路器

项目	短路通断能力	额定电流	选择性	操作方式	飞弧距离	短时耐受电流	脱扣器种类	装置安装方式	外形尺寸	维修	价格
塑料外壳式断路器	较低	多数在 600A 以下	较难	变化小，多为手动操作，也有电动机传动机构	较小	较低	多数只有过电流脱扣器；由于体积限制，失压和分励脱扣器只能二者选一	可单独安装，也可装于开关柜内	较小	不方便	较便宜
万能框架式断路器	较高	200～5000A	容易	变化多，有手动操作、电动机传动机构	较大	较高	可具有过电流脱扣器、欠压脱扣器、分励脱扣器、闭锁脱扣器等	宜装于开关柜内，如手车式结构	较大	较方便	较贵

7 继电保护与测量仪表

7.1 继电保护设计的一般要求

继电保护的设计应以合理的运行方式和故障类型作为依据，并应满足速动性、选择性、可靠性和灵敏性四项基本性能。

1）继电保护装置应尽快地切除短路故障，以缩小故障范围，保证配电系统非故障部分的正常工作。

2）动作于跳闸的继电保护应有选择性，带有时限阶段特性和反时限特性的保护。前后两级之间的灵敏性和动作时限应互相配合。根据配电系统运行的要求，须加速切除短路时，可使保护装置无选择动作，但应采用自动重合闸装置或备用电源自动投入装置来补救。

3）继电保护装置应力求简单可靠，元件和触点少，维护方便，并尽可能适应配电系统运行的灵活性。

4）配电系统中的电力设备和线路应有主保护和后备保护（包括远后备和近后备）。主保护应能快速并有选择地切除保护区域内的故障；后备保护应在主保护或断路器拒绝动作时切除故障。3~10kV 配电系统一般采用相邻设备或线路的保护作为后备保护。

5）继电保护装置应有足够的灵敏度。保护装置的灵敏系数应根据不利的运行方式和故障类型进行计算，但不考虑可能性很小的情况。

灵敏系数 K_m 为保护区发生短路时，流过保护装置处的最小短路电流 I_{dmin} 与保护装置一次动作电流 I_{dZ} 的比值，即：

$$K_m = I_{dmin}/I_{dZ}$$

对多相短路保护，I_{dmin} 取两路短路电流最小值 $I_{dmin}^{(2)}$；对 6~10kV 中性点不接地系统的单相短路保护取单相接地电容电流最小值 I_{Cmin}；对 380/220V 中性点接地系统的单相短路保护取单相接地电流最小值 $I_{dmin}^{(1)}$。

各种保护装置的最小灵敏系数，见表 7-1。

表 7-1 保护装置的最小灵敏系数

保护分类	保护类型	组成元件	最小灵敏系数	备注
主保护	电流速断保护	电流元件	2.0	按保护安装处短路计算
	过电流保护	电流元件	1.5	个别情况可为 1.25
		零序元件	2.0	—
	线路、电动机差动保护	差电流元件	2.0	—
	中性点不接地系统中单相接地保护	电流元件	1.5	架空线路
			1.25	电缆线路
后备保护	远后备保护	电流元件	1.2	按保护区末端短路计算

6）如果为了满足相邻保护区末端短路的灵敏性要求，将使保护过分复杂或在技术上难以实现时，可按照下列原则处理：①在变压器后短路的情况下，可缩短后备保护作用的范围；②后备保护灵敏系数可仅按常见的运行方式和故障类型进行验算；③后备保护可无选择地动作，但应尽量采用自动重合闸或备用电源自动投入装置来补救。

7）保护装置用电流互感器的误差一般不应大于10%。

8）在配电系统正常运行情况下，当电压互感器的二次回路断线或其他故障能使保护装置误动作时，应装设自动闭锁装置，将保护解除动作并发出信号。当保护装置不致误动作时，一般可装设电压回路断线信号的装置。

7.2 保护配置及整定计算

7.2.1 6～10kV 配电变压器保护

（1）保护配置（表7-2）

表7-2 保护配置

<table>
<tr><th rowspan="2">变压器容量（kV·A）</th><th colspan="4">保护装置名称</th><th rowspan="2">备注</th></tr>
<tr><th>过电流</th><th>电流速断</th><th>低压侧单相接地*</th><th>温度</th></tr>
<tr><td><400</td><td>—</td><td>—</td><td>—</td><td>—</td><td>一般高压熔断器保护</td></tr>
<tr><td>400～750</td><td>高压侧采用断路器时装设</td><td>高压侧采用断路器且过电流保护时限>0.5s时装设</td><td rowspan="3">装设</td><td></td><td rowspan="3">—</td></tr>
<tr><td>800</td><td rowspan="2">装设</td><td rowspan="2">过电流保护时限>0.5s时装设</td><td>—</td></tr>
<tr><td>1000～1600</td><td>装设</td></tr>
</table>

注：*绕组为Y-Y连接，低压侧中性点接地的配电变压器，当利用高压侧的过电流保护兼作低压侧单相接地保护，或利用低压侧的三相过电流保护不能满足灵敏度要求时，应装设低压侧中性线上的零序电流保护。当变压器低压侧有分支线时，宜有选择地切除各分支线的故障。

（2）变压器继电保护的整定计算

1）过电流保护：

①过电流保护装置的动作电流，应躲过可能出现的过负荷电流。其值为：

$$I_{dzj} = K_k K_{jx} \frac{K_{gh} I_{eb}}{K_h n_1}$$

式中 K_k——可靠系数，DL型取1.3；

K_{jx}——接线系数，接于相电流时取1，接于相电流差时取$\sqrt{3}$；

K_h——继电器返回系数，取0.85；

K_{gh}——过负荷系数，包括电动机自启动引起的过电流倍数，一般取2～3；当无自启动电动机时取1.3～1.5；

n_1——电流互感器变比；

I_{eb}——变压器一次侧额定电流。

②过电流保护配置的灵敏系数：

$$K_m = \frac{I_{dmin}^{(2)}}{I_{dz}} \geqslant 1.5$$

式中 $I_{dmin}^{(2)}$——最小运行方式下变压器低压侧两相短路时，流过高压侧（保护安装处）的短路电流（A）；

I_{dz}——保护装置的一次动作电流（A）。

$$I_{dz} = I_{dzj} \frac{n_1}{K_{jx}}$$

③过电流保护装置的动作时限应与下一级保护动作时限相配合，一般对定时限取0.5s，而反时限取0.7s。

2）电流速断保护：

①保护的动作电流应躲过低压侧短路时，流过保护装置的最大短路电流，其值为：

$$I_{dzj} = K_k \cdot K_{jx} \frac{I''^{(3)}_{dmax}}{n_1}$$

式中 K_k——可靠系数，对DL型取1.3、GL型取1.5；

$I''^{(3)}_{dmax}$——最大运行方式下变压器低压侧三相短路时，流过高压侧的超瞬变电流（A）。

②保护装置的灵敏系数应按最小运行方式下，保护装置安装处两相短路电流校验，即：

$$K_m = \frac{I''^{(2)}_{dmin}}{I_{dz}} \geqslant 2$$

式中 $I''^{(2)}_{dmin}$——最小运行方式下保护装置安装处两相短路超瞬变电流，其值为三相短路超瞬变电流的0.886倍。

3）利用高压侧三相式过电流保护兼作低压侧单相接地保护：

①保护的动作电流和动作时限与过电流保护相同。

②保护装置的灵敏度系数应按最小运行方式下，低压侧母线或母干线末端单相接地时，流过高压侧的短路电流校验。

$$K_m = \frac{I''^{(1)}_{dmin}}{I_{dz}} \geqslant 2$$

式中 $I''^{(1)}_{dmin}$——最小运行方式下变压器低压侧母线或母干线末端单相接地时，流过高压侧的稳态短路电流。

4）采用在低压侧中性线上装设专用的零序保护的低压侧单相接地保护：

①装置的动作电流应躲过正常运行时，变压器中线上流过的最大不平衡电流，即不超过额定电流的25%。

$$I_{dzj} = K_k \frac{0.25 I_{eb}}{n_1}$$

式中 K_k——可靠系数，取1.2。

②保护装置的动作电流应与低压出线上的零序保护相配合。

$$I_{dzj} = K_{ph} \frac{I_{dzfz}}{n_1}$$

式中 K_{ph}——配合系数，取1.1；

I_{dzfz}——低压分支线上零序保护的动作电流。

按上述两相计算，取其中较大值。

③保护装置的灵敏度系数。

$$K_m = \frac{I_{d\,min}^{(1)}}{I_{dz}} \geqslant 2$$

式中 $I_{d\,min}^{(1)}$——最小运行方式下变压器低压侧母线或母干线末端单相接地稳态短路电流（A）。

④保护装置的动作时限一般取0.5s。

7.2.2 6～10kV线路的保护

（1）保护装置（表7-3）

表7-3 6～10kV线路保护装置

被保护线路	保护装置名称				备 注
	无限时电流速断	带时限电流速断	过电流保护	单相接地保护	
单侧电源放射式单回线路	自重要配电所引出的线路装设	当无时限电流速断不能满足选择性动作时装设	装设	根据需要装设	当过电流保护的时限不大于0.5～0.7s，且没有保护配合上的要求时可不装设电流速断

注：无时限电流速断保护范围，应保证切除所有使该母线残压低于50%～60%额定电压的短路。为此，必要时保护装置可无选择性动作，并以自动装置来补救。

（2）保护的整定计算

1）过电流保护：

①保护装置动作电流应躲过线路的过负荷电流，即：

$$I_{dzj} = K_K \cdot K_{jx} \frac{I_{gh}}{K_h \cdot n_1}$$

式中 K_K——可靠系数，DL型取1.2、GL型取1.3；

K_{jx}——接线系数，接于相电流时取1、接于相电流差时取$\sqrt{3}$；

K_h——继电器返回系数，取0.85；

n_1——电流互感器变比；

I_{gh}——电路过负荷（包括电动机启动所引起的）电流（A）；

②保护装置的灵敏系数：

$$K_m = \frac{I_{d2min}^{(2)}}{I_{dz}} \geqslant 1.5$$

式中 $I_{d2min}^{(2)}$——最小运行方式下，线路末端两相短路稳态电流（A）；

I_{dz}——保护装置一次动作电流（A），$I_{dz} = I_{dzj}\frac{n_1}{K_{jx}}$。

③保护装置的动作时限，应较相邻元件的过电流保护大一时限阶段，一般大0.5~0.7s。

2）无时限电流速断保护：

①保护装置的动作电流应躲过线路末端短路时最大三相短路电流：

$$I_{dzj} = K_k K_{jx} \frac{I''^{(3)}_{d2max}}{n_1}$$

式中 $I''^{(3)}_{d2max}$——最大运行方式下线路末端三相短路超瞬变电流（A）；

②保护装置的灵敏度，无时限电流速断保护的灵敏度是用保护范围来表示的，其最小保护范围一般不应小于被保护线路全长的15%~20%，其最小保护范围可由下式求得：

$$I_{min} = \frac{1}{X_0}\left(\frac{\sqrt{3}E_{xa}}{2I_{dz}} - X_{st}\right)$$

式中 E_{xa}——线路的相电压（V）；

X_{st}——除线路外系统的电抗（Ω）；

X_0——保护单位长度上的电抗（Ω/km）；

I_{dz}——保护的动作电流（A）。

3）带时限电流速断保护：

①保护装置的动作电流应躲过相邻元件末端短路时的最大三相短路电流或与相邻元件的电流速断保护的动作电流相配合。按较大者整定，即：

$$I_{dzj} = K_k \cdot K_{jx} \frac{I^{(3)}_{d3max}}{n_1}$$

或

$$I_{dzj} = K_{ph} \cdot K_{jx} \frac{I_{dz3}}{n_1}$$

式中 $I^{(3)}_{d3max}$——最大运行方式下，相邻元件末端三相短路稳态电流；

I_{dz3}——相邻元件的电流速断保护的一次动作电流；

K_{jx}——接线系数，接于相电流取1，接于相电流差时取$\sqrt{3}$；

K_{ph}——配合系数，取1.1。

②保护装置的灵敏系数与无时限电流速断保护相同。

③保护装置的动作时限，应较相邻元件的电流速断保护大一个时限阶段，一般大0.5~0.7s。

4）单相接地保护

①保护装置的启动电流应躲过被保护线路外部单相接地故障时，由线路本身流入电网的接地电容电流，即：

$$I_{dz} \geqslant K_k I_{cx}$$

式中 K_k——可靠系数，当保护装置不带时限时取4~5、带时限时取1.5~2；

I_{cx}——被保护线路外部发生单相接地故障时，从被保护线路本身流入电网的电容电流，一般情况下：

$$I_{cx} = \frac{U_e(I_B + 35l_k)}{350}$$

式中 l_B——架空线路长度（km）；

l_k——电缆线路长度（km）；

U_e——线路额定电压（kV）。

②保护装置的灵敏系数：

$$K_m = \frac{I_{c\Sigma} - I_{cx}}{I_{dz}}$$

式中 K_m——单相接地保护灵敏系数，对架空线 >1.5，对电缆线路≥1.25；

$I_{c\Sigma} - I_{cx}$——电网的总单相接地电容电流。

7.2.3 发电机的保护

（1）发电机保护的装置（表7-4）

表7-4 发电机保护的装置

被保护设备	保护装置名称			备注
	过电流速断	过电流保护	过负荷保护	
发电机	容量在1000kW以下的发电机采用；并联运行时可装设	装设	保护装置用一个继电器装在相线上，动作于信号	—

（2）保护装置的整定

1）过电流速断保护：

①保护装置动作电流按发电机连接母线处的短路电流整定，即：

$$I_{dzj} = K_k \cdot K_{jx} \frac{I''_d}{n_1}$$

式中 K_k——可靠系数，值取1.2～1.3；

K_{jx}——接线系数，当接于相电流时取1、接于相电流差时取$\sqrt{3}$；

I''_d——母线发生三相短路时发电机流出的短路电流周期分量；

n_1——电流互感器变比。

②保护装置的灵敏系数：

$$K_m = \frac{I''_{dmin}}{I_{dz1}} \geqslant 2$$

式中 I''_{dmin}——发电机端头处发生短路时，由外部系统及并联运行的发电机送来的次暂态电流周期分量值；

I_{dz1}——保护装置一次侧动作电流。

2）过电流保护：

①过电流保护装置的动作电流按发电机的额定电流整定：

$$I_{dzj} = K_k \cdot K_{jx} \frac{I_{ef}}{K_h \cdot n_1}$$

式中 K_k——可靠系数，取1.3；

K_{jx}——接线系数；

K_h——继电器的返回系数，取0.85；

n_1——电流互感器的变比；

I_{ef}——发电机的额定电流。

②保护装置的灵敏系数：

$$K_m = \frac{I_{dmin}^{(2)}}{I_{dzl}}$$

式中 $I_{dmin}^{(2)}$——发电机出口处短路时的最小短路电流。

③保护装置的时限按大于发电机电压母线上的保护装置最大时限 t_{max} 来整定：

$$t_f = t_{max} + (1 \sim 2)\Delta t$$

式中 t_{max}——发电机电压母线上保护装置的最大时限；

Δt——时限阶段，对DL型继电器取0.5s、对GL型继电器取0.7s。

3）过负荷保护

过负荷保护的动作电流按发电机额定电流选择，且动作于信号：

$$I_{djz} = K_k \cdot \frac{I_{ef}}{K_h \cdot n_1}$$

式中 K_k——可靠系数取1.05；

K_h——返回系数；

n_1——电流互感器的变比；

I_{ef}——发电机额定电流。

7.2.4 电力变压器低压侧的保护

（1）保护配置（表7-5）

表7-5 变压器低压侧保护配置

被保护设备	保护装置名称			备 注
	自动开关过电流保护	低电压保护	零序保护	
变压器低压侧	1. 高压侧保护不能满足低压母线短路的灵敏度要求时装设； 2. 变压器—母干线系统低压总开关宜装设； 3. 需带负荷操作的自动开关装设	自动开关操作需自动切换时装设	当过电流保护不能兼作单相接地短路保护时装设	下列情况可不装设低压侧保护： 1. 高压侧继电保护已能保护低压侧短路时； 2. 小于400kV·A且过负荷可能性不大； 3. 给不重要负荷供电的变压器

（2）变压器低压侧保护的装设要求

1）变压器低压侧保护一般选用自动开关，户外安装或容量小于400kV·A时可采用熔断器，保护元件在三相上都装设。

2）变压器低压侧采用自动开关保护时，应尽量带有短延时和长延时脱扣器，且短延时脱扣器的时限应比低压出线的时限大一级。

3）熔断器熔体和长延时过电流脱扣器的额定电流，应尽量接近但不小于变压器最大负荷电流，并在出现正常尖峰电流时不误动作。

变压器低压侧保护装置的整定计算见低压电器选择部分。

7.2.5 低压配电线路保护

（1）保护配置（表7-6）

表7-6 低压配电线路保护装置的配置

被保护设备	保护装置名称				备注
	短路保护	过负荷保护	低电压保护	漏电保护	
低压配电线路	装设	居住建筑、重要仓库和公共建筑中的照明线路；有可能长期过负荷的电力线路，明敷带有延燃性外护层的绝缘导线线路应装设	装有自动切换装置的配电线路宜装设	中性点不接地的三相系统或触电危险较高的场合建议装设	—

下列情况下，在线路截面减小处或分支处可不装设保护电器：

1）上一级保护电器已能保护截面减小的全段线路或分支线时。

2）线路首端的保护电器的熔体电流或整定电流不超过20A时。

3）室外架空配电线路，但道路照明的每个灯具宜加装熔断器。

4）配电装置内部从母线上接往保护电器的分支线。

（2）保护装置的装设要求

1）熔断器应装设在不接地各相上，用于接零保护的零线上不应装设熔断器。

2）自动开关的过电流脱扣器应装设在不接地的各相上。在中性点不接地的三相网络中，可只在两相上装设过电流脱扣器。但此时，对由同一电源供电的配电线路，均应装在相同的两相上。

3）在Q－1和G－1级爆炸危险场所内，单相回路的相线和工作零线均应装设短路保护，并使用双极开关同时切断相线和工作零线（这时专门的接地线不应断开）。

4）熔体额定电流或长延时过电流脱扣器整定电流，应尽量接近但不小于线路的负荷计算电流，并在出现正常尖峰电流时不误动作。

5）配电线路的各级保护之间应尽量有选择性地配合。当不能符合此要求时，应尽量使变压器低压侧第一级保护有选择性动作。上下级熔体电流尽量保持适当的级差，自动开关除带长延时脱扣器外，当装在用电设备支线上时，宜带瞬间脱扣器；装在变压器出线上时，则尽可能带短延时脱扣器。

各种保护装置的选择计算，见低压电器选择部分。

7.2.6 电动机的保护

(1) 保护装置（表 7-7）

表 7-7 电动机保护装置的配置

被保护设备	保护装置名称			
	短路保护	过负荷保护	断相保护	低电压保护
电动机	每台单独装设，下列情况可数台共用一套短路保护： 1. 总计算电流不超过 20A； 2. 工艺密切相关的一组电机，其功率不限，但应保证能迅速切断每一台电动机的短路故障	下列情况装设： 1. 容易过负荷； 2. 由于启动负荷过大可能使启动失败或需限制启动时间的； 3. 长时间运行且无人监视的； 4. 容量在 3kW 及以上	连续运行的装设，但下列情况可不装设： 1. 运行中定子为星形接线，且装有三相或两相过负载保护； 2. 经常监视； 3. 用自动开关作短路保护； 4. 采用直接反映绕组过热的过负荷保护； 5. 3kW 以下	1. 当电源电压短时降低或中断允许断开的电动机应装瞬动低电压保护； 2. 不允许自启动的重要电机应装设短延时低电压保护，时限为 0.5s 3. 需要自启动的不宜装设或装设长延时低电压保护，时限为 5～10s

(2) 电动机装设的保护要求

1）短路保护元件：在中性点直接接地网络中应在每相上装设；当装有零序保护时，可只装在两相上。在中性点不接地网络中，熔断器应在每相上装设；用自动开关作保护时，至少应在两相上装设过电流脱扣器，且同一网络中的保护元件应装设在相同的两相上。

2）过负荷保护装置一般用热继电器或自动开关的长延时过电流脱扣器，必要时可采用反时限甚至定时限过电流继电器。

3）防爆安全型电动机的过负荷保护装置，应在电动机转子堵住时间内可靠动作。

低电压保护装置一般利用自动开关的低电压脱扣器或启动器的吸引线圈。启动器的吸引线圈宜由电动机的主回路供电。如由其他电源供电时，应装设当电动机主回路失压时断开吸引线圈的联锁装置。对重要电动机，如果采用带吸引线圈的启动器时，应在控制回路中采取措施，保证在规定的时限内恢复电压时，启动器能重新吸合。

7.3 保护装置的动作配合

为了保证保护装置具有选择性，上下级保护装置的动作应该相互配合，其配合方法有按动作电流配合（速断保护）和按动作时限配合（过电流保护）两种。

7.3.1 按动作电流配合

在所选定的故障形式下，上下级保护装置的动作电流之比不应小于 1.1。

当装设在不同电压级上的保护装置进行配合时，配合电流应归算到同一电压等级，通常采用保护装置较多的那一级作为基准电压级。

7.3.2 按动作时限配合

为了保证上下级保护装置具有选择性，上下级保护装置的动作时限应有一差值（即时间阶段）Δt。对定时限保护之间的配合 Δt 取 0.5s；反时限保护之间以及定时限保护与反时限保护之间的配合 Δt 取 0.5～0.7s。

当上下级保护装置的动作时限不能满足选择性要求时，可采用自动重合闸或备用电源自动投入装置来补救。

图 7-1 表示了定时限过电流保护装置动作时限的配合。图中网络采用定时限过电流保护。在选择保护装置的动作时限时，应从离电源最远一级保护装置 1 开始，其动作时限为 t_1，保护装置 2 的过电流保护动作时限 $t_2 = t_1 + \Delta t$。图中 I_{dz1}、I_{dz2} 为过电流保护动作装置的一次动作电流。I_{dz1}、I_{dz2} 为电流速断保护装置的一次动作电流（下同）。

图 7-2 表示了反时限过电流保护装置动作时限的配合，在作保护装置时限整定时，从离电源最远的保护装置 1 开始，保护装置 1 的一次动作电流为 I_{dz1}，其动作时限（即 10 倍动作电流的动作时间）为 t_1，这样保护装置 1 的动作时限曲线 1 即可确定。再根据电流速断保护装置的一次动作电流 I_{dz1} 及动作时限曲线 1，确定该电流值下的动作时限 t_b。接着整定保护装置 2，在电流为 I_{dz1} 时，保护装置 2 的动作时限 $t_d = t_b + \Delta t$，即其动作时限曲线 2 应通过 d 点，这样根据在 d 点的动作电流倍数及动作时限 t_d 即可确定动作时限曲线 2。

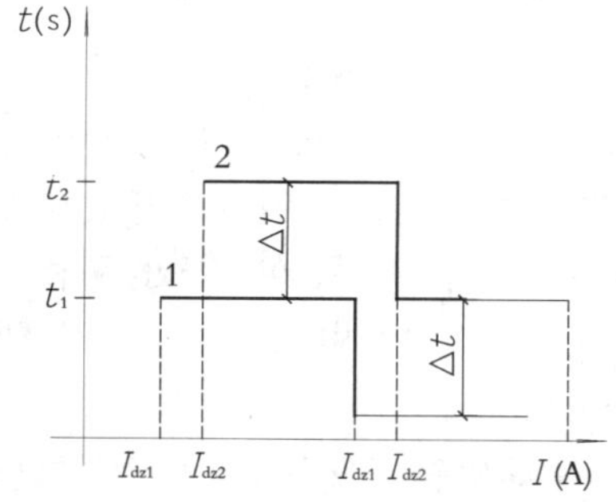

图 7-1 定时限保护的时限配合

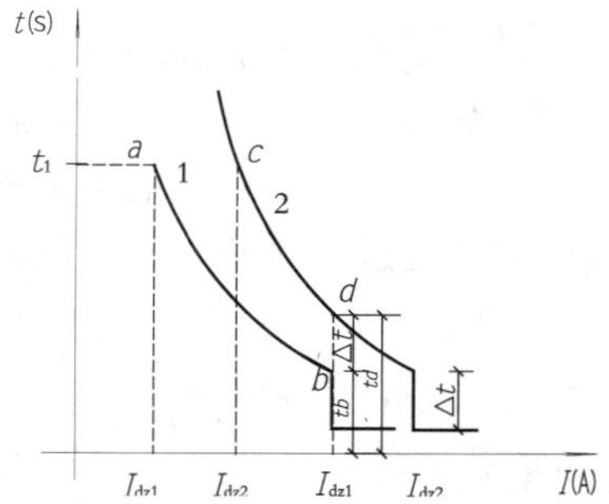

图 7-2 反时限保护的时限配合

图 7-3 所示为定时限电流保护装置与反时限过电流保护装置动作时限的配合。保护装置的时限整定从离电源最远的保护装置 1 开始，保护装置 1 的一次动作电流为 I_{dz1}，动作时限为 t_1，这样保护装置 1 的动作时限曲线 1 即可确定。再根据电流速断保护装置的一次动作电流值 I_{dz1} 及动作时限曲线 1，确定该电流值下的动作时限 t_b。接着整定保护装置 2，保护装置 2 的一次动作电流为 I_{dz2}，动作时限 $t_f = t_b + \Delta t$，这样保护装置 2 的动作时限曲线 2 即可确定。

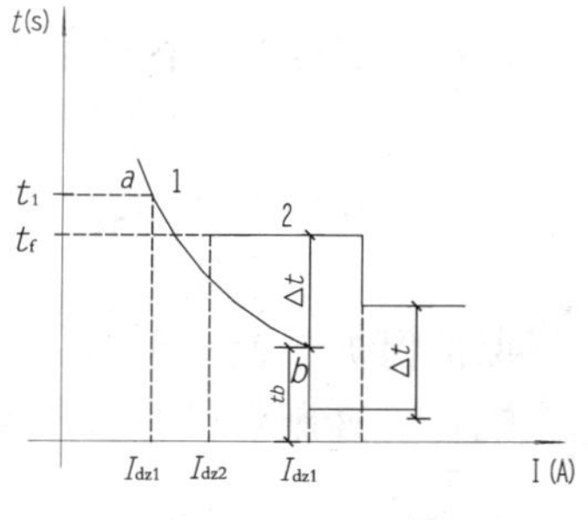

图 7-3 定、反时限保护间的时限配合

8 电线、电缆的选择和敷设

8.1 电线、电缆的选择

8.1.1 导体材料的选择

一个工程的建设需要大量的电线、电缆。电线、电缆类型的确定，对整个工程的造价影响很大。根据国家“以铝代铜、以铝包代铅包、以合成材料代橡胶”的技术经济政策，电线、电缆一般应采用铝芯。在邻近海边即有严重盐雾的地区架空线路可采用防腐型钢芯铝绞线。但在下列场合，一般应采用铜芯电线及电缆：

1）重要的操作回路及二次回路；

2）移动设备及有剧烈振动场合的线路；

3）对铝有严重腐蚀而对铜腐蚀轻微的场合；

4）爆炸危险场所有特殊要求时。

8.1.2 绝缘及护套的选择

电线的绝缘有塑料绝缘、橡皮绝缘和氯丁橡皮绝缘几种。其中塑料绝缘电线，绝缘性能较好，制造工艺简单，价格较低，无论明敷还是穿管都可以取代橡皮绝缘电线，从而节约大量橡胶和棉纱，也可以降低工程的造价。不足之处是塑料绝缘对气候适应性较差，低温时变硬发脆，高温或日光照射下，其增塑剂易于挥发而使绝缘加快老化，因此塑料绝缘线不宜在室外或温度变化剧烈的场合使用。但由于人防工程中的电线多敷设于坑道内，温度适中，又不受日光的照射，因而在防护工程中应用很广。

橡皮绝缘电线，绝缘性好，但要耗费大量橡胶，价格也较贵。其棉纱编织绝缘电线适用于不需要特别柔软电线的场所，作固定敷设之用，特别适宜于室内的架空及穿管敷设。玻璃丝编织绝缘电线适用范围与棉纱橡皮绝缘电线相同，但不宜穿管敷设。

氯丁橡皮绝缘电线耐油性能好、不易霉、不延燃、适应气候性能好，光老化过程缓慢，其老化时间约为普通橡皮绝缘电线的两倍，因此适宜于在室外敷设。但由于绝缘层机械强度稍弱，在室内穿管敷设时，应适当增大穿管管径。

表 8-1 列出了常用电线的型号及其主要使用场合，可供选择时参考。

表 8-1 常用电线的型号及其主要使用场合

名称	型号		适用场合
	铜芯	铝芯	
塑料绝缘电线	BV	BLV	用于耐油、耐燃、潮湿房间等，作固定敷设
塑料绝缘及护套线	BVV	BLVV	用于耐油、耐燃、潮湿房间等，作固定敷设

续表 8-1

名称	型　号		适 用 场 合
	铜芯	铝芯	
氯丁橡皮绝缘电线	—	BLXF	耐油性能好、不易霉、不延燃、适应气候性能好，光老化过程缓慢，适用穿管及户外敷设
塑料绝缘软线	BVR	—	适用于室内，作仪表、开关连接之用以及要求柔软电线之用

目前我国生产的电缆，按其绝缘材料及护套的不同，可分为：油浸式绝缘铅（铝）包电力电缆、聚氯乙烯绝缘及护套电力电缆（全塑电缆）、交联聚氯乙烯绝缘聚氯乙烯护套电力电缆、油浸纸干绝缘电力电缆及不滴流电缆等。

油浸式绝缘电力电缆具有耐热能力强、允许运行温度高、使用寿命长等优点，但其绝缘材料弯曲性能差，不能在低温下敷设，而且由于绝缘层内油的流淌，电缆两端安装的水平高差不宜过大。油浸式绝缘电力电缆有铅、铝两种护套，其中铅护套质软，韧性好、化学性能稳定、熔点低、便于加工制造，但价格较贵，而且膨胀系数小于浸渍纸，线芯发热时可能使铅包变形；铝包护套重量轻、成本低，但加工困难，目前尚不能完全代替铅包电缆。

聚氯乙烯绝缘及护套电缆制造工艺简便，没有敷设高差的限制，可以在很大范围内代替油浸纸绝缘电缆、不滴流电缆等。其主要优点是重量轻、弯曲性能好、接头制作简便、耐酸耐腐蚀、耐油、不延燃、内有铠装结构、价格便宜等。但其绝缘电阻较油浸纸绝缘电缆低、介质损耗大、耐腐蚀性能尚不完善，因而在含有三氯乙烯、二硫化碳、醋酸酐及苯、丙酮的场所不宜采用。

交联聚氯乙烯绝缘、聚氯乙烯护套电力电缆性能优良、结构简单、制作方便、外径小、重量轻、载流量大、不受敷设水平高差的限制，因而应用较广。

橡皮绝缘电力电缆弯曲性能好，能在严寒气候下敷设，特别适用于水平高差大或垂直敷设的场合。它不仅适用于固定敷设的场合，也可用于定期移动的固定敷设线路。橡皮绝缘橡皮护套软电缆（简称橡皮软电缆）还可用于连接移动式电气设备。但橡胶耐热性能差，允许运行温度较低，普通橡胶遇到油类及其化合物时很快就被损坏。

8.1.3 外护层及铠装的选择

电缆外护层及铠装的选择，应根据其工作环境、敷设方式确定。除下表中所列场合外，在大型建筑物，构筑物附近，土壤可能发生变形的地段直接埋地敷设电缆时应选用能承受机械外力的钢丝铠装电缆，或采取预留长度、用板桩或排装加固土壤等措施，以减少或消除因土壤位移而作用在电缆上的应力。

电缆型式应根据电缆敷设方式、周围环境条件以及用电设备的要求来选择。电缆允许最大高差见表 8-2。

表 8-2　电缆允许最大高差（m）

电缆类型		铅包	铝包
1~3kV	铠装	25	25
	无铠装	20	25
6~10kV 铠装或无铠装		15	20
20~35kV 铠装或无铠装		5	—
铅包型干绝缘电力电缆		100	—
分相铅包型干绝缘电力电缆		300	—

有腐蚀介质的场所（如蓄电池室），应根据介质种类采用裸聚氯乙烯护套、裸铅护套或其他耐腐蚀性护套的电力电缆。需防油的场所，应采用耐油橡套电缆。移动设备应采用重型橡套电缆。

在坑道内沿墙或沿地沟敷设时，不应有易燃的外护套，但金属外皮应涂防腐层（如沥青等）。在坑道外直埋地敷设的电缆应采用有外护套（黄麻）的铠装电缆。

在同一工程内应尽量减少电缆的型号、规格，以便于订货和施工。

8.2　导线、电缆截面的选择

8.2.1　导线、电缆截面选择的一般原则

导线、电缆截面的选择一般应根据下列条件进行：

1）按允许温升选择：在最大允许连续负荷电流下，导体发热不超过线芯所允许的温度，不会因过热而引起导线绝缘损坏或加速老化。

2）按机械强度条件选择：在正常工作状态下，导线应有足够的机械强度，以防断线，保证安全可靠运行。

3）按允许电压损失选择，导线上的电压损失应低于最大允许值，以保证供电质量。

4）按热稳定的最小截面来校验，在短路情况下，导线必须保证在一定时间内安全承受短路电流通过导线时所产生的热作用，以保证安全供电。

在人防工程供电设计中，对发电机、变压器回路电缆一般应按容许电流（即允许温升）选择，按短路时的热稳定进行校验。当线路较长时，尚需按允许电压降予以校验。

高低压馈电干线电缆则应按允许电流选择，按电压损失校验。

低压电动机回路电缆按允许电流选择，按启动电流、电压损失，短路时选择性的要求校验。

对 6~10kV 高压电源线路，距离较长时（超过 2km），宜按电压损失来选择，再根据允许电流进行校验。对高压架空线路，还应校核其机械强度，以满足最小允许截面的要求。

对于 1kV 以下的动力和照明线路，虽然线路不长，但因负荷电流较大，也必须按电压损失来校验其截面。对于电缆线路，还应按短路时的热稳定进行校验，校验电缆线路时的短路点，对短电缆应选在电缆末端，长度在 50m 以上者，应选在电缆的中点；有中间接线盒

者，应选在靠近电源侧的第一个中间接线盒处。

8.2.2 按机械强度选择导线截面

为保证供电安全可靠，防止断线，在正常工作状态下，导线应具有足够的机械强度。按机械强度要求，不同用途的导线最小允许截面的数据可查有关表格。使用表格数据时应注意：

1）户内照明器如采用链吊或管吊，其灯头引下线为铜芯软线时，可适当减小截面。

2）配电线路与各种工程设施交叉接近时，当采用铝绞线或铝合金线时要求最小截面为 $35mm^2$，当采用其他导线时要求最小截面为 $16mm^2$。

3）高压配电线路不应使用单股线。

4）采用铝绞线及铝合金线的高压配电线路通过非居民区时，或为引进建筑物的接户线时，其最小允许截面为 $25mm^2$。

8.2.3 按允许温升选择导线、电缆的截面

导体有电流通过时，就会发热，其中一部分散发到周围空气中，另一部分则使导体温度升高。导体允许通过的最大电流（允许截流量），通常由实验方法测定。将这些实验所得数据列成表格。设计时，按这些表格选择导体截面叫做按允许温升选择截面，也叫按允许截流量选择导体截面。

表 8-8～8-11 列出了各种常用电线、电缆的载流量。表中数据均为 25℃ 环境温度下的实验数据。在不同敷设条件下，电线、电缆允许载流量尚应乘以相应系数。

当敷设处的环境温度不同于上述数据时，载流量应乘以校正系数 K_t，K_t 的计算公式为：

$$K_t = \sqrt{\frac{\theta_o - \theta_a}{\theta_o - \theta_c}}$$

式中 θ_o——电线、电缆线芯允许长期工作温度（℃）见表 8-3；

θ_a——敷设处的环境温度（℃）；

θ_c——已知载流量数据的对应温度（℃）；

表 8-3 电线、电缆线芯允许长期工作温度

<table>
<tr><th colspan="2">电线、电缆种类</th><th>允许温度（℃）</th><th colspan="2">电线、电缆种类</th><th>允许温度（℃）</th></tr>
<tr><td colspan="2">橡皮、塑料绝缘电线 500V</td><td>65</td><td colspan="2">橡皮绝缘电力电缆，500V</td><td>65</td></tr>
<tr><td rowspan="4">油浸纸绝缘电力电缆</td><td>3kV 以下</td><td>80</td><td colspan="2">通用橡套软电缆</td><td>65</td></tr>
<tr><td>6kV</td><td>65</td><td rowspan="3">交联聚氯乙烯绝缘及护套电力电缆</td><td rowspan="2">6～10kV</td><td rowspan="2">90</td></tr>
<tr><td>10kV</td><td>60</td></tr>
<tr><td>20～35kV</td><td>50</td><td>35kV</td><td>80</td></tr>
<tr><td rowspan="2">聚氯乙烯绝缘电力电缆</td><td>1kV</td><td>65</td><td colspan="2">裸铝、铜母线</td><td>70</td></tr>
<tr><td>6kV</td><td>65</td><td colspan="2">裸铝、铜绞线</td><td>70</td></tr>
</table>

导体穿管敷设是指电线穿管明敷在空气中或暗敷在墙壁、楼板及地坪下。环境温度采用敷设地点最热月平均最高温度。

当多根穿线管并列敷设时，载流量应乘以校正系数 K_g，当然，对于备用的或正常工作的情况下载流量很小的管线则不记入。K_g值见表 8-4。

表 8-4　穿线钢管及塑料管在空气中多根并列敷设时的校正系数 K_g 值

管子并列敷设根数	载流量校正系数 K_g 值
2 ~ 4	0.95
>4	0.9

当多根电线共管敷设时，如电线同时负荷率为 100%，则电线根数为 5 ~ 8 根时的载流量，可按电线明敷时的载流量乘以修正系数 0.6；当电线根数为 9 ~ 12 根时，修正系数取 0.45。

电缆在空气中敷设是指室内外明敷、地沟中、隧道中单根敷设，其环境温度采用敷设地点最热月平均最高温度。

直埋地敷设是指电缆在土壤中直埋，埋深大于或等于 0.7m，并非地下穿管道埋设。土壤温度采用一年中最热月地下 0.8m 的土壤平均温度；土壤热阻系数按 80℃ · cm/W。当土壤热阻系数不同时，应乘以表 8-5 所列的修正系数 K_{tr}。

表 8-5　不同土壤热阻系数时直埋地电缆载流量的校正系数 K_{tr}

电缆芯线截面 (mm^2)	土壤热阻系数 ρ_t（℃ · cm/W）				
	60	80	120	160	200
2.5 ~ 16	1.06	1.0	0.90	0.83	0.77
25 ~ 95	1.08	1.0	0.88	0.8	0.73
120 ~ 240	1.09	1.0	0.86	0.78	0.71
土壤情况	潮湿地区：沿海、湖、河畔地带，雨量多的地区，如华东、华南地区等		普通土壤：如东北大平原夹杂质的黑土或黄土、华北大平原黄土、黄黏土、砂土等	干燥土壤：如高原地区，雨量少的山区、丘陵、干燥地带	

当电缆多根并列敷设时，载流量应乘以校正系数 K_{ik} 或 K_{id}，其值见表 8-6 和表 8-7。

表 8-6　电缆在空气中多根并列敷设时载流量校正系数 K_{ik} 值

电缆中心距 S (mm)	根数及排列方式						
	1	2	3	4	6	4	6
	0	00	000	0000	000000	00 00	000 000
d	1.0	0.9	0.85	0.82	0.8	0.8	0.75
2d	1.0	1.0	0.98	0.95	0.9	0.9	0.90
3d	1.0	1.0	1.0	0.98	0.96	1.0	0.96

表 8-7　电缆直埋地多根并列敷设时载流量校正系数 K_{id} 值

电缆间净距（mm）	电缆根数							
	1	2	3	4	5	6	7	8
100	1.00	0.88	0.84	0.8	0.78	0.75	0.73	0.72
200	1.00	0.90	0.86	0.83	0.81	0.80	0.80	0.79
300	1.00	0.92	0.89	0.87	0.86	0.85	0.85	0.84

绝缘导线和电缆在断续负荷或短时负载下的允许载流量，应为长期负载下允许载流量乘以校正系数，校正后的载流量，应不小于用电设备在额定负载持续率下的额定电流或短时工作电流。

表 8-8　聚氯乙烯绝缘电线载流量（A）

截面（mm^2）	明敷	穿钢管敷设			穿硬塑料管敷设			塑料绝缘软线，护套线明敷				
	BV BVR	二根单芯	三根单芯	四根单芯	二根单芯	三根单芯	四根单芯		截面（mm^2）	单芯	二芯	三芯
		BV	BV	BV	BV	BV	BV					
1.0	19	14	13	11	12	11	10	RV RVV RVB RVS RFB RFS BVV				
1.5	24	19	17	16	16	15	13					
2.5	32	26	24	22	24	21	19		0.5	12.5	9.5	7
4	42	35	31	28	31	28	25		0.75	16	12.5	9
6	55	47	41	37	41	36	32		1.0	19	15	11
10	75	65	57	50	56	49	44		1.5	24	19	14
16	105	82	73	65	72	65	57		2.0	28	22	17
25	138	107	95	85	95	85	75		2.5	32	26	20
35	170	133	115	105	120	105	93		4	42	36	26
50	215	165	146	130	150	132	117		6	55	47	32
70	265	205	183	165	185	167	148		10	75	65	52
95	325	250	225	200	230	205	185					
120	375	290	260	230	270	240	215					
150	430	330	300	265	305	275	250					
185	490	380	340	300	355	310	280					

表 8-9 聚氯乙烯绝缘电力电缆的载流量（A）$\theta_a=25℃$ $\theta_0=65℃$

主芯线截面（mm^2）	中性线截面（mm^2）	空气中敷设 $\theta_0=65℃$ 1kV（四芯）铜芯	直埋地敷设 $\theta_0=65℃$ $\rho_t=80℃\cdot cm/W$ 1kV（四芯）铜芯
4	2.5	30	37
6	4	39	48
10	6	52	64
16	6	70	85
25	10	94	111
35	10	119	143
50	16	149	175
70	25	184	211
95	35	226	254
120	35	260	290
150	50	301	327
185	50	345	369
240	—	—	—

表 8-10 交联聚氯乙烯绝缘电力电缆的载流量（A）$\theta_a=25℃$

主线芯数×截面（mm^2）	空气中敷设		直埋地敷设 $\rho_t=80℃\cdot cm/W$	
	$6\sim10kV\theta_0=90℃$	35kV 单芯 $\theta_0=80℃$	$6\sim10kV\theta_0=90℃$	35kV 单芯 $\theta_0=80℃$
	铜芯	铜芯	铜芯	铜芯
3×16	127	—	123	—
3×25	166	—	157	—
3×35	200	—	187	—
3×50	243	272	227	223
3×70	294	332	271	268
3×95	351	395	321	316
3×120	407	453	364	359
3×150	467	516	412	404
3×185	530	583	463	449
3×240	616	682	529	518

表 8-11 铜母线的载流量 $\theta_0=70℃$ $\theta_a=25℃$

母线尺寸 宽×厚（mm）	交流			直流		
	1 片	2 片	3 片	1 片	2 片	3 片
25×3	340	—	—	340	—	—
30×4	475	—	—	475	—	—
40×4	625	—	—	625	1090	—
40×5	700	—	—	705	1250	—
50×5	860	—	—	870	1525	—
50×6	955	—	—	960	1700	—
60×6	1125	1740	2240	1145	1990	2495
80×6	1480	2110	2720	1510	2630	3220
100×6	1810	2470	3170	1875	3245	3940
60×8	1320	2160	2790	1345	2485	3020
80×8	1690	2620	3370	1755	3095	3850
100×8	2080	3060	3930	2180	3810	4690
120×8	2400	3400	4340	2600	4400	5600
60×10	1475	2560	3300	1525	2725	3530
80×10	1900	3100	3990	1990	3510	4450
100×10	2310	3610	4650	2470	4325	5385
120×10	2650	4100	5200	2950	5000	6250

注：1. 表列为母线立放数据，单片母线平放且宽度≤60mm 时，表中的数据应乘以 0.95，当单片母线平放且宽度 >60mm 时，应乘以 0.92。

2. 多片组合母线载流量为立放数据时，母线间距等于厚度。

8.2.4 按允许电压损失选择导线、电缆截面

各种用电设备都是按照在额定电压下运行的条件而制造的，当端电压与额定电压不同时，用电设备的运行就要恶化。但要保证网络内各负荷点在任何时间都等于额定值是不可能的，只能保证实际电压在额定电压上下波动。为了保证各种用电设备能正常运行，规定了各种用电设备允许电压偏移的范围，以作为计算电网和校验用电设备端电压的依据，见表 8-12。

表 8-12 各种用电设备端电压允许偏移范围

用电设备	运转条件	允许电压波动值（%）	
		−	+
电动机	连续运转（正常计算值）	5	5
	连续运转（个别特别远的电动机）	—	—
	正常条件下	8～10	5
	事故条件下	10～20	5
	短时运转（当启动大型电动机时）	20～30①	5
	启动时端子上：频繁启动	10	5
	不频繁启动	15②	5
	吊车电动机（启动时校验）	15	5
白炽灯	重要房间（首长办公室、作战室）	2.5	5
	一般照明	4～6	5
	36V 以下低压照明	10	5
	短时电压波动（次数不限）	不限制	5
荧光灯	重要房间	2.5	5
	短时电压波动	10	5
电热	单相或三相正常情况下	10	5
	事故情况下	15	5
通信（正常条件下）		4③	5

注：①对于根据转矩要求选择的电动机，其电压偏移值应根据计算确定。

②电压偏移应满足启动转矩要求。

③根据具体设备，应与通信部门协商确定。

线路电压损失的计算公式见表 8-13。

表 8-13 线路电压损失计算公式

线路	负荷情况	计算公式
三相平衡负荷线路	终端负荷用电流矩（A·km）表示	$\Delta u\% = \frac{\sqrt{3}}{10U_e}(R_o \cdot \cos\varphi + X_o \sin\varphi) I \cdot L = \Delta u_a\% I \cdot L$
	几个负荷用电流矩（A·km）表示	$\Delta u\% = \frac{\sqrt{3}}{10U_e}\sum [(R_o \cdot \cos\varphi + X_o \sin\varphi) I \cdot L] = \sum (\Delta u_a\% I \cdot L)$
	终端负荷用负荷矩（kW·km）表示	$\Delta u\% = \frac{1}{10U_e^2}(R_o + X_o \tan\varphi) P \cdot L = \Delta u_p\% P \cdot L$
	几个负荷用负荷矩（kW·km）表示	$\Delta u\% = \frac{1}{10U_e^2}\sum [(R_o + X_o \tan\varphi) P \cdot L] = \sum (\Delta u_p\% P \cdot L)$

续表 8-13

线路	负荷情况	计算公式
三相平衡负荷线路	整条线路的导线截面、材料及敷设方式均相同，且 $\cos\varphi=1$，几个负荷用负荷矩（kW·km）表示	$\Delta u\%=\frac{R_o}{10U_e^2}\sum P\cdot L=\frac{1}{10U_e^2\gamma S}\sum P\cdot L=\frac{\sum P\cdot L}{C\cdot S}$
接于相电压的单相负荷线路	终端负荷用电流矩（A·km）表示	$\Delta u\%=\frac{2}{10U_{e\varphi}}(R_o\cdot\cos\varphi+X_o\sin\varphi)\ I\cdot L\approx 2u_a\%\ I\cdot L$
	终端负荷用负荷矩（kW·km）表示	$\Delta u\%=\frac{2}{10U_{e\varphi}^2}(R_o+X_o\tan\varphi)\ P\cdot L\approx 6\Delta u_p\%\ P\cdot L$
	终端负荷且 $\cos\varphi=1$ 或直流线路用负荷矩（kW·km）表示	$\Delta u\%=\frac{2R_o}{10U_{e\varphi}^2}P\cdot L=\frac{2}{10U_{e\varphi}^2\gamma\cdot S}P\cdot L=\frac{P\cdot L}{C\cdot S}$

表中符号意义：

$\Delta u\%$——线路电压损失百分数（%）；

$\Delta u_a\%$——三相线路每 1A·km 的电压损失百分数［%/(A·km)］；

$\Delta u_p\%$——三相线路每 1kW·km 的电压损失百分数［%/(kW·km)］；

U_e——额定线电压（kV）；

$U_{e\varphi}$——额定相电压（kV）；

X'_o——单相线路单位长度的感抗 $X_o\approx$（Ω/kM）；

R_o、X_o——三相线路单位长度的电阻和感抗（Ω/kM）；

I——负荷计算电流（A）；

L——线路长度（km）；

P——有功负荷（kW）；

γ——电导率［m/（$\Omega\cdot mm^2$）］；$\gamma=1/\rho$，ρ 为电阻率（$\Omega\cdot mm^2/m$）；

S——线芯标称截面（mm^2）；

$\cos\varphi$——功率因数；

C——功率因数为 1 时的计算系数，见表 8-14。

表 8-14 线路电压损失计算系数 C 值（$\cos\varphi=1$）

线路额定电压（V）	线路系统	C 值计算公式	导线 C 值（$\theta=50℃$）		母线 C 值（$\theta=65℃$）	
			铝	铜	铝	铜
380/220	三相四线	$10\gamma U_e^2$	4.45	72	42.2	68.4
380/220	二相及零线	$10\gamma U_e^2/2.25$	19.8	32	18.8	30.4
220	单相及直流	$5\gamma U_{e\varphi}^2$	7.45	12.1	7.07	11.5

8.3 电线、电缆的敷设

8.3.1 绝缘导线穿金属管敷设

电网电压在 1kV 以下时，允许采用绝缘导线穿钢管敷设。

（1）钢管选择

1）凡明敷于潮湿场所和埋地的管路均应采用水、煤气钢管。

2）明敷或暗敷于干燥场所的管路可采用电线钢管。穿线管尽可能避免穿过设备基础。

3）为保证施工方便，在下列情况下，一般应加装接线盒，否则应放大管径：①当无弯曲或有一个弯头时，管子全长在 30m 处；②当有两个弯头时，管子全长在 20m 处；③当有三个弯头时，管子全长在 12m 处。

4）管路明敷设，其固定点间最大允许距离应符合表 8-15 的规定。

表 8-15 金属管固定点间的最大允许距离（mm）

公称口径	15 ~ 20	25 ~ 32	40 ~ 50	70 ~ 100
煤气管	1500	2000	2500	3500
电线管	1000	1500	2000	—

5）电气管路应敷设在热水管和蒸汽管的下面，不得已的情况下也允许敷设在上面。其相互间的净距一般不应小于表 8-16 所列数值。

表 8-16 电气管路与热水管、蒸汽管的间距（m）

相对位置		间　距
电气管路在热水管	上面时	0. 3
	下面时	0. 2
电气管路在蒸汽管	上面时	1. 0
	下面时	0. 5

当不能满足上述要求时，应采取隔热措施，其相互间的净距可减少为 0. 2m。

（2）配线

管内导线的总截面积，不应超过穿管内截面积的 40%。

当导线的负荷电流大于 25A 时，为避免涡流效应，应将同一回路的三相导线穿于同一金属管内。

不同回路的导线，一般不应穿于同一管内，但下列情况除外；

1）供电电压在 65V 及以下者；

2）同一设备和同一流水作业线设备的电力线路和无防干扰要求的控制回路；

3）照明花灯的所有回路，但管内导线总数不应多于 8 根；

4）无防干扰要求的各种用电设备的信号回路、测量回路、控制回路。

工作照明与应急照明线路以及互为备用的线路不得共管敷设。

8.3.2　绝缘导线穿硬质塑料管敷设

除高温和对塑料管有腐蚀的场所外，凡屋内场所均可采用穿硬质塑料管敷设，对有酸碱腐蚀及潮湿场所尤为有用。硬质塑料管可明敷也可埋地敷设。

塑料管明敷时其固定点间最大允许距离如表 8-17 所示，其他要求与穿金属管相同。

表 8-17　塑料管明敷时固定点间最大允许距离（mm）

塑料管公称口径	20 及以下	25 ~ 40	50 及以上
最大允许距离	1000	1500	2000

8.3.3　穿管管径的选择

一般情况下，管内敷设多根同一截面的导线时，管子内径与导线外径的关系如表 8-18 所示。

表 8-18　管子内径与导线外径（d）的关系

<table>
<tr><td colspan="2">导线根数</td><td>1</td><td>2</td><td>3</td><td>4</td><td>5</td><td>6</td></tr>
<tr><td colspan="2">管子内径</td><td>1.7d</td><td>3d</td><td>3.2d</td><td>3.6d</td><td>4d</td><td>4.5d</td></tr>
<tr><td rowspan="2">导线根数
管子内径</td><td>7</td><td>8</td><td>9</td><td>10</td><td>11</td><td>12</td><td>13</td></tr>
<tr><td>5.1d</td><td>5.6d</td><td>5.8d</td><td>6d</td><td>6.4d</td><td>6.6d</td><td>7d</td></tr>
</table>

单芯绝缘导线穿管管径见表 8-19。

表 8-19　单芯绝缘导线穿管管径表（mm）

<table>
<tr><td rowspan="2">芯线截面
（mm^2）</td><td colspan="11">焊接钢管（导线根数）</td><td colspan="11">电线管（导线根数）</td></tr>
<tr><td>2</td><td>3</td><td>4</td><td>5</td><td>6</td><td>7</td><td>8</td><td>9</td><td>10</td><td>11</td><td>12</td><td>2</td><td>3</td><td>4</td><td>5</td><td>6</td><td>7</td><td>8</td><td>9</td><td>10</td><td>11</td><td>12</td></tr>
<tr><td>1.0</td><td colspan="4">15</td><td colspan="4">20</td><td colspan="3">25</td><td colspan="2">15</td><td colspan="2">20</td><td colspan="4">25</td><td colspan="3">32</td></tr>
<tr><td>1.5</td><td colspan="2">15</td><td colspan="3">20</td><td colspan="4">25</td><td colspan="2">32</td><td colspan="3">20</td><td colspan="2">25</td><td colspan="6">32</td></tr>
<tr><td>2.5</td><td colspan="2">15</td><td colspan="3">20</td><td colspan="4">25</td><td colspan="2">32</td><td colspan="2">20</td><td colspan="3">25</td><td colspan="6">32</td></tr>
<tr><td>4</td><td>15</td><td colspan="3">20</td><td colspan="3">25</td><td colspan="4">32</td><td colspan="2">20</td><td colspan="2">25</td><td colspan="5">32</td><td colspan="2">40</td></tr>
<tr><td>6</td><td colspan="3">20</td><td colspan="3">25</td><td colspan="3">32</td><td colspan="2">40</td><td>20</td><td colspan="2">25</td><td colspan="3">32</td><td colspan="5">40</td></tr>
<tr><td>10</td><td>20</td><td colspan="2">25</td><td colspan="2">32</td><td colspan="2">40</td><td colspan="4">50</td><td>25</td><td colspan="3">32</td><td colspan="2">40</td><td colspan="5"></td></tr>
<tr><td>16</td><td colspan="2">25</td><td colspan="2">32</td><td>40</td><td colspan="5">50</td><td>70</td><td colspan="2">32</td><td colspan="3">40</td><td colspan="6"></td></tr>
<tr><td>25</td><td colspan="2">32</td><td colspan="2">40</td><td colspan="2">50</td><td colspan="5">70</td><td>32</td><td colspan="2">40</td><td colspan="8"></td></tr>
</table>

续表 8-19

<table>
<tr><td rowspan="2">芯线截面（mm^2）</td><td colspan="11">焊接钢管（导线根数）</td><td colspan="11">电线管（导线根数）</td></tr>
<tr><td>2</td><td>3</td><td>4</td><td>5</td><td>6</td><td>7</td><td>8</td><td>9</td><td>10</td><td>11</td><td>12</td><td>2</td><td>3</td><td>4</td><td>5</td><td>6</td><td>7</td><td>8</td><td>9</td><td>10</td><td>11</td><td>12</td></tr>
<tr><td>35</td><td>32</td><td>40</td><td colspan="3">50</td><td colspan="2">70</td><td colspan="4">80</td><td colspan="2">40</td><td colspan="9"></td></tr>
<tr><td>50</td><td>40</td><td colspan="2">50</td><td colspan="3">70</td><td colspan="3">80</td><td colspan="2">100</td><td colspan="11"></td></tr>
<tr><td>70</td><td colspan="2">50</td><td colspan="3">70</td><td>80</td><td colspan="5">100</td><td colspan="11"></td></tr>
<tr><td>95</td><td>50</td><td colspan="2">70</td><td colspan="2">80</td><td colspan="4">100</td><td colspan="2"></td><td colspan="11"></td></tr>
<tr><td>120</td><td colspan="2">70</td><td colspan="2">80</td><td colspan="3">100</td><td colspan="4"></td><td colspan="11"></td></tr>
<tr><td>150</td><td colspan="2">70</td><td>80</td><td colspan="3">100</td><td colspan="5"></td><td colspan="11"></td></tr>
</table>

注：管线长度≤50m 时允许 1 个 90°弯，≤40m 时允许 2 个 90°弯，≤20m 时允许 3 个 90°弯。

8.3.4 电缆的敷设方式

在敷设电缆线路时，应尽可能选择最短的线路，并尽量减少穿越各种管道、铁路、公路和弱电电缆的次数。在电缆经过地区，尽可能保证电缆不受机械损伤、化学腐蚀、地下杂散电流的电腐蚀等。

电缆的敷设方式有直接埋地敷设、电缆管线通道、电缆沟、电缆支架明设、电缆穿管预埋和电缆桥架等几种。

(1) 直接埋地敷设

在人防工程中，直接埋地敷设用于有外电源的情况下。当外电源距坑道较近时，为隐蔽起见，从外电源到坑道口部电缆防爆破井一段的电缆通常采用直埋形式敷设。当外电距坑道较远时，则从架空线终端杆到坑道口部电缆防爆破井采用直埋形式。

直埋电缆的优点是隐蔽、施工简单、造价较低、节省材料、电缆散热情况好。缺点是检修更换电缆时土方量大，不能可靠地防止机械性损伤，且易受土壤中酸性物质和杂散电流的腐蚀。

(2) 电缆管线通道

这种敷设方式的主要优点是敷设的电缆数量多，维护检修和更换电缆比较方便，由于电缆风管和水管都敷设在管线通道内，整个工程整齐、美观。缺点是土方量大，耗费三材多，造价较高，只有在工程有特殊要求或经过技术经济比较后才采用。

(3) 缆沟敷设

电缆在电缆沟内敷设，工程中采用较多，特别是在电站、控制室以及主通道等电缆比较集中的地方，这种敷设方式的主要优点是电缆均集中在电缆沟内，比较美观。缺点是电缆散热条件差，容易受潮，地沟内容易积水，主通道内的地沟竣工后往往将盖板抹死，检修不便。

(4) 电缆支架明设

电缆在电缆支架上明设的主要优点是检修方便，不易受潮。缺点是占据空间位置，当电缆数量多时，将会增加起拱高度，不如暗设美观。在无特别要求的工程均可采用这种敷设方式。

(5) 电缆穿管敷设

一般工程动力配电电缆通常采用穿管预埋敷设方式，其优点是不占空间位置，缺点是要使用钢材，敷设和更换电缆较困难。

8.3.5 电缆敷设的一般要求

1）在决定电缆管道、电缆沟和穿管尺寸时，应考虑扩建时增加新电缆的可能性，留有必要的备用位置和管道。

2）铠装电缆支架间水平和垂直距离不得超过表8-20规定的数值。裸铅包电缆也可采用该表的数值，但电缆与支架接触处应加软性衬垫。

表8-20 铠装电缆支架间最大距离尺寸表

电缆敷设方式	电缆种类	支架间最大距离（mm）
水平敷设	电力电缆	1000
	控制电缆	800
垂直敷设	电力电缆	1500
	控制电缆	1000

3）电缆转弯时，其弯曲半径不得小于表8-21所列数值。

表8-21 电缆最小弯曲半径

电缆种类		弯曲半径为电缆外径的倍数
油浸纸绝缘多芯电力电缆	铅包或铝包、铠装	15
	裸铅包、沥青纤维线绕包	20
聚氯乙烯绝缘及护套电力电缆		8
塑料绝缘、橡皮绝缘多芯电力和控制电缆	有铠装	10
	无铠装	6

4）电缆穿管敷设时，管子的内径为外径的1.5～2倍，应考虑管子的长度和拐弯的多少，以便于电缆的施工。

5）电缆从地下引出地面时，地面上2m一段应采用钢管或保护罩加以保护。铠装电缆无机械损伤可能时，可不加保护。

6）电缆的金属外皮、金属电缆头及穿电缆的钢管，都应可靠地接地。

7）电缆与各种设施平行或交叉时的净距不应小于表8-22所列数值。

表8-22 电力电缆与各种设施间最小允许距离（m）

敷设条件	平行敷设	交叉敷设
距电杆及建筑物地下基础	0.6	
10kV及以下电力电缆间及控制电缆间	0.1	
不同部门使用的电缆之间	0.5	0.5
与热力管道之间	2.0	0.5

续表 8-22

敷设条件	平行敷设	交叉敷设
与其他管道之间	0.5	0.5
与油管及压缩空气管之间	1.0	0.5
穿管保护后与其他管道之间	0.25	0.25

注：1. 当电缆与热力管沟之间装有隔热层时，平行距离可减为 0.5m。

2. 当电缆与热力管道交叉时，应穿石棉水泥管保护，其长度应伸出热力管沟两侧各 2m，隔热层应伸出热力管沟和电缆两侧各 1m。

8）电缆沿侧墙（通道或房间）和电缆沟敷设时，在支架上从上至下的排列顺序是高压电缆、低压电缆、控制电缆。

9）电缆应尽量避免交叉，在电缆管线道和电缆沟内敷设时，距离较远的应放在下层，距离较近的应放在上层。

8.3.6 电缆在各种敷设方式下的具体要求

（1）电缆直埋时

电缆埋设深度一般为 0.7m，垫以沙或软土，当电缆埋设在一般性土壤中时，可垫以筛过的细土；若土壤中含有酸、碱等腐蚀等物质，则应换为不带腐蚀性土壤或采用防腐电缆。

埋地电缆的长度应比电缆沟长 1.5% ~2%，并作波状敷设。

电缆埋好以后，沿线应设置电缆标桩。

对可能受到机械损伤的电缆，需用盖砖保护或混凝土板保护。

（2）管线道内敷设电缆

电缆管线道的长度在 100m 以内时，应有两个人孔（带梯子）设在管线道的两端。管线道的长度在 100m 以上时，两人孔之间的距离不应超过 75m，长度小于 7m 的管线道可只设一个人孔。

（3）电缆沟内敷设电缆

沿通道和地沟敷设的电缆应保持表 8-23 所列的最小允许距离。

表 8-23 电缆在管线通道和电缆沟内的最小允许距离（mm）

敷设条件 / 距离部位		管线通道	电缆沟	
			深度 600mm 以下	深度 600mm 以上
两侧电缆支架间的水平净距		700	300	500
一侧电缆支架与壁间水平净距		700	300	450
电缆支架与层间的垂直净距	10kV 及以下电力电缆	150	150	150
	控制电缆	100	100	100
电力电缆间的水平净距		35（但不小于电缆外径）		

（4）电缆支架明设

在室内采用电缆支架明设时，凡带有麻皮的电缆，应将麻皮剥除，铠装电缆应涂设防腐漆。

裸铅包电缆不允许直接敷设在混土墙壁或刷有石灰的墙壁上，而应在铅包电缆上涂以防腐漆。

8.3.7 电缆头的类型及其选择

电缆在敷设过程中需要连接及封头，此时需采用中间接头和终端头。

（1）树脂电缆终端头

环氧树脂电缆终端头适用于10kV及以下的铅包或铝包油浸纸绝缘电缆。环氧树脂具有一定的机械强度，较好的电气性能，且与电缆金属护套有很好的黏合性，密封性能可靠，其工作温度为－50～100℃。按使用场所分为户内与户外两种型式。

（2）冷浇型环氧树脂电缆终端头

冷浇型结构保持了原环氧树脂电缆终端头的体积小、重量轻、密封性好、机械和电气强度高等优点，且施工简便，不必现场配置材料，所有材料由工厂成套供货。适用于10kV及以下电缆。

（3）内干包电缆终端头

干包电缆头适于户内0.4kV铅包或铝包油浸纸绝缘电缆，干包电缆头采用聚氯乙烯软手套、聚氯乙烯软管、绝缘带、尼龙绳等组成一个完整的密封系统。具有密封性能好、体积小、重量轻、成本低、施工方便、材料可成套供应等优点。

（4）终端头用分支手套

分支手套用软聚氯乙烯注塑成型，有三芯至五芯，适用于橡皮绝缘或塑料绝缘的电力电缆终端头内，电压为10kV及以下。

9 动力配电设计

配电设计是人防工程发供电设计的重要组成部分，它是将电能引至用电设备的桥梁。配电设计的好坏将直接影响工程的供电质量。因此，在设计中必须根据工程中各用电设备的重要程度、负荷的大小、使用情况以及各负荷在工程内部的分布情况通盘考虑。在保证用电设备对供电可靠性的要求以及运行、维护的方便与安全的前提下，力求系统简单、清楚、经济、合理、适用。

配电设计包括：动力配电设计和照明设计，本章首先讨论动力配电，照明配电将在下一章中叙述。

9.1 动力配电系统

动力配电系统的设计，首先要根据整个工程各种动力用电设备的重要性以及对供电可靠性的要求，以及负荷的大小、分布和使用情况，划分供电区域，确定配电点，然后再根据各用电点的使用情况以及对供电可靠性的要求拟制配电系统。

9.1.1 确定配电点的原则

配电点应尽量靠近负荷中心，设在动力负荷比较集中的房间，这样既缩短配电点至各用电设备的距离，增加了供电的可靠性，又便于集中控制。

配电点应尽量设在靠近电源的一侧，以减少电缆的消耗量，并避免电能的倒送。

配电箱的安装位置应设在比较干燥、便于安装、维护和操作的场所，如电站、通信值班室、中央空调室等。这样既有利于配电设备的安全运行，又便于对用电设备的集中控制。

9.1.2 配电系统的形式

目前，在人防工程供电设计中，配电系统通常有放射式、树干式以及链式三种系统。

放射式配电系统是从电站控制室的低压母线上引出若干支线，分别向独立的负荷或用电设备直接供电，如图 9-1 所示。由于每一独立负荷或用电点都有单独的线路供电，因而其供电可靠性高、操作维护方便，当某一用电设备或对其供电的线路发生故障时，可以很方便地将其切除而不致影响其他设备的正常运行。但放射式系统要由控制室直接引出较多的供电线路，这就增加了电缆及配电设备的用量，从而增大了投资费用。因此只有对于比较重要的或负荷较大的用电设备，才采用这样的系统，由配电室直接供电，如通信设备及柴油电站内的动力设备等。

树干式系统是由控制室的低压母线引出若干条干线。沿干线两侧各负荷或用电点处再引出若干支线向用电设备供电，如图 9-2 所示。

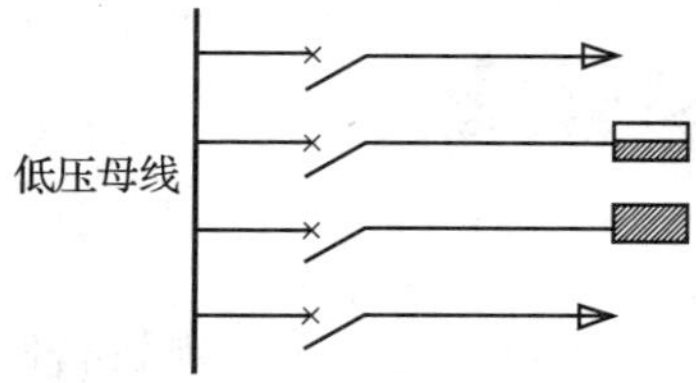

图 9-1　放射式配电系统

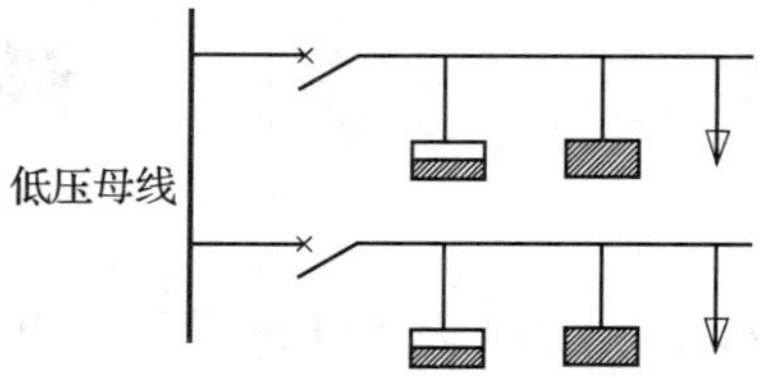

图 9-2　树干式配电系统

树干式系统对若干负荷共用一条干线供电，减少了电缆及低压开关设备的用量，降低了工程的造价，但是当干线上发生故障时，将使接于该干线的所有用电设备受到影响，因而其供电的可靠性较放射式为低。通常对于负荷不十分重要、负荷点比较分散且相互间距离又不太大的负荷，如中央空调室、口部进排风机室等采用这种系统。

在设计中，为了减少供电干线的数量，又不降低对重要负荷供电的可靠性，有时可以采用放射式与树干式相结合的混合式配电系统，这样可以减少电缆干线上的分接头，从而减少了电缆故障的机会，增加了供电的可靠性。

对于配电箱较远，且彼此间距离很近的负荷，可以采用链式配电系统，如图 9-3 所示。由于这种系统，彼此间影响较大，供电可靠性差，因此只适用于容量较小的三级负荷，所链数目一般也应不超过三个。

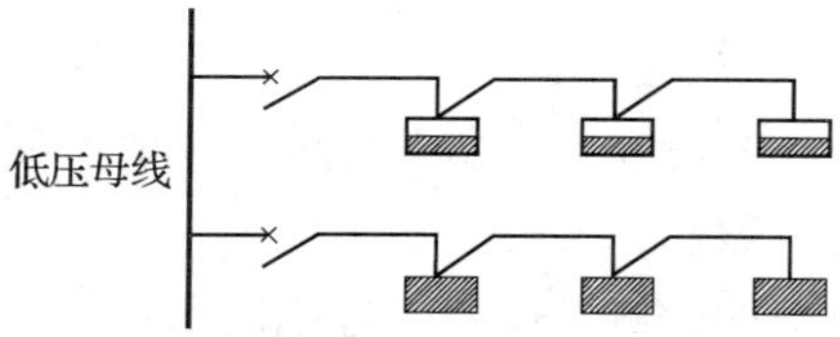

图 9-3　链式配电系统

9.1.3　供电系统的配置

在动力供电系统方案确定以后，则要根据各配电点负荷的大小及回路数目选择适当的动力配电箱，并根据供电系统方案，将各动力配电箱的一次回路方案组合起来，画出动力供电系统配置图，如图 9-4 所示。

动力配电箱的选择，应根据各配电点负荷容量和回路数尽量选用国产通用产品。目前国内生产的动力配电箱如 XL 系列一次线路方案多，具有结构紧凑、检修方便、线路方案可灵活组合等优点，而且还可以按用户自行设计的一次方案接受订货进行生产。

XL 系列动力配电箱除装有自动开关、磁力启动器及接触器方案外，还配有频敏变阻器的方案，可用于控制中小型鼠笼型、线绕型电动机的运行。

对一些容量小、回路少的配电点也可以选择低压开关设备，由施工单位自制配电箱，但设计时要绘制详细的加工大样图或采用标准大样图进行加工。

人防工程内动力配电箱系统图一般只需绘制一次系统图，二次接线图可根据大样图集选用。如图 9-5、图 9-6 所示。

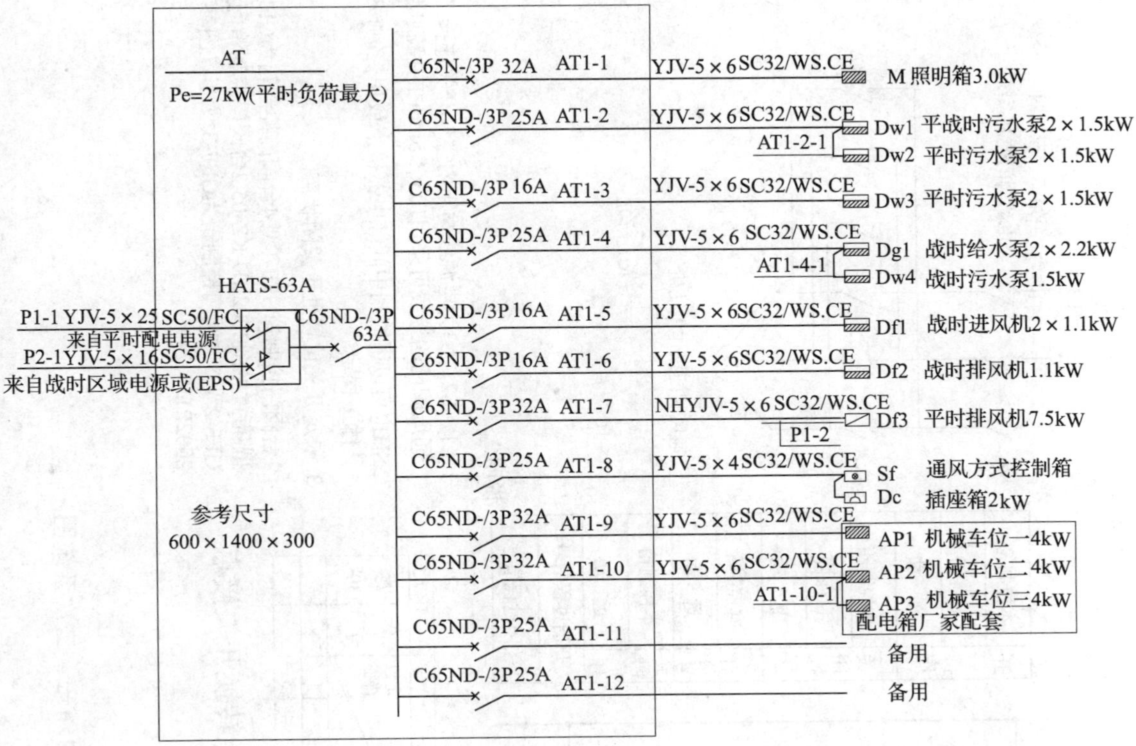

图 9-4 动力配电系统图

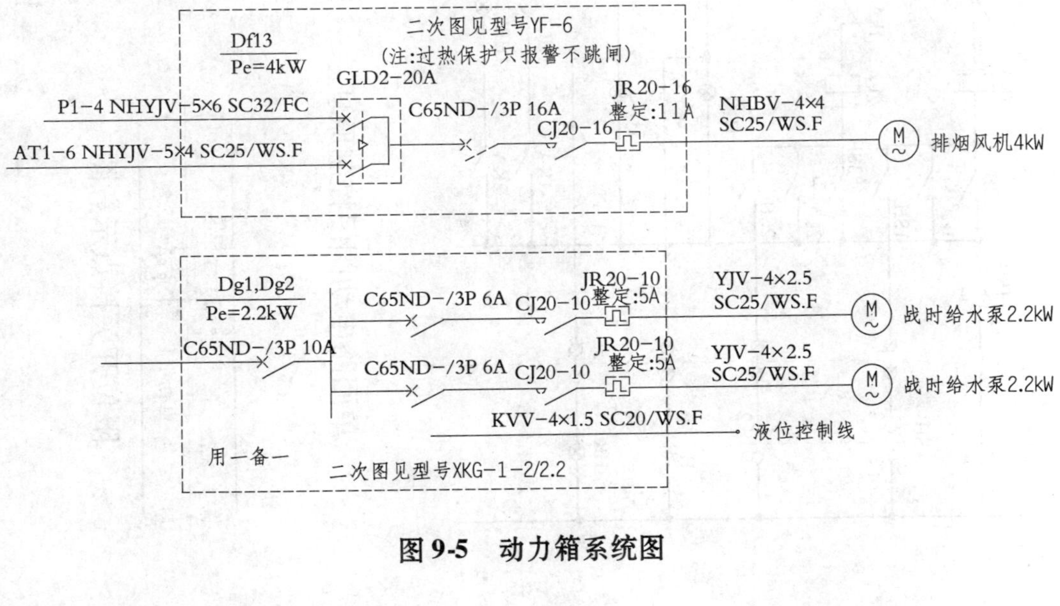

图 9-5 动力箱系统图

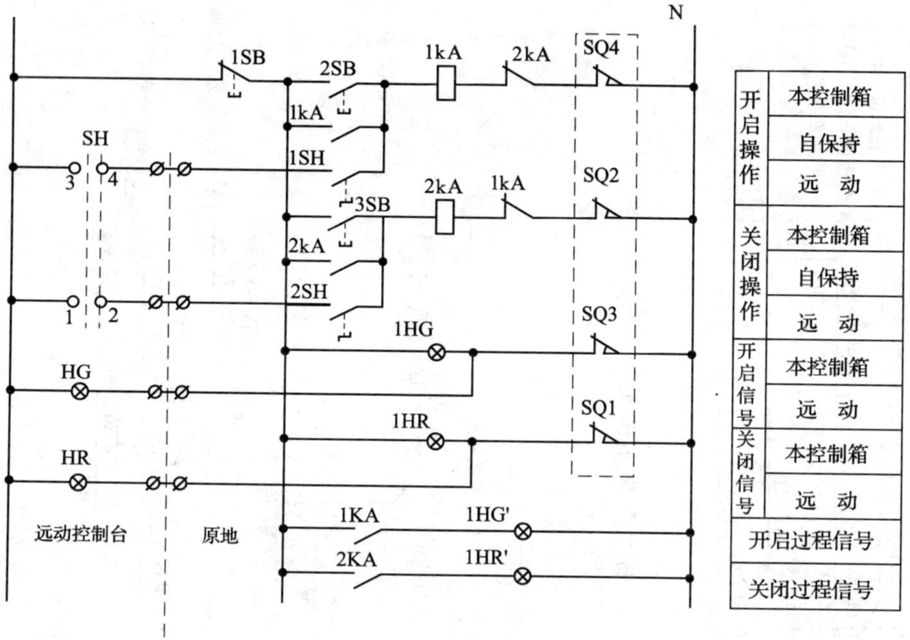

单回路电动阀门控制原理

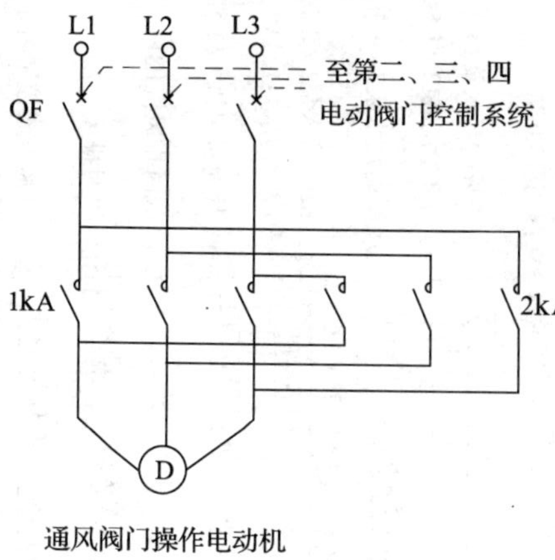

一次系统

LW6 1/		A047	
触点编号 \ 定位特征		关 0°	开 30°
⊣ ⊢⊣ ⊢	1 2	×	
⊣ ⊢⊣ ⊢	3 4		×

SH万能转换开关接点

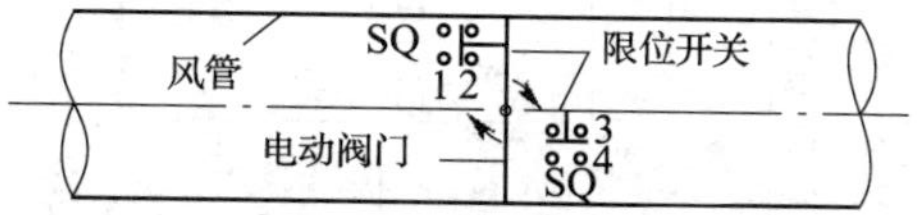

限位开关接点示意图

说明:

1. L1、L2、L3为电源线与箱内空气开关连接,至通风阀门的接线可采用10×1.5mm²的控制电缆。
2. SH也可以用控制中间继电器接点或用控制按钮,由具体工程定。
3. 限定开关位置处于关闭状态。
4. 1台阀门控制箱GFF-1型,4台阀门控制箱为GFF-4型,布置见图2002RD-KZ-05,2台阀门控制箱门为GFF-2型,3台阀门控制箱为GFF-3型,布置图参见2002RD-KZ-05。

图 9-6　动力箱一、二次系统图

9.1.4 动力负荷装设保护控制设备的原则

电动机的启动根据计算，系统母线电压水平或发电机、变压器过负荷倍数不允许直接启动时，应采用降压启动方式，降压启动设备的选择见第五章。

鼠笼型电动机应装设短路保护，比较重要的电动机应装设两相运行保护或信号装置。对分散的、不经常监视的电动机，应装设两相运行保护。

鼠笼型电动机容量在3kW以下时，控制设备可采用低压负荷开关；3kW以上的应采用自动空气开关或磁力启动器；电动机有自动控制要求时，宜采用接触器或磁力启动器控制。

电热水器、电炉、通风电加热器等电热设备，一般用低压负荷开关或自动空气开关控制。有自动控制要求时宜采用接触器或磁力启动器控制，并装设短路保护装置。

9.2 对Ⅰ级负荷供电的保证措施

9.2.1 Ⅰ级负荷的切换

人防工程中Ⅰ级用电负荷是保证作战指挥和机械设备正常运行的最重要的负荷，对供电可靠性要求高，一旦供电中断，将会造成指挥停顿、贻误战机或损坏机械设备等严重后果，如重要的收发讯设备、广播机械、重要房间的照明、柴油机冷却水泵和继电保护控制电源等。因此，对工程中Ⅰ级负荷必须采取可靠措施，以保证其对供电可靠性的要求。

《人防防空工程设计规范》中规定：Ⅰ级负荷应由两个独立电源供电，根据要求采用双电源自动切换或手动切换的接线。

在具体设计中，当负荷距电源较近时，采用双电源（当工程内只有一个电源时，则可引自不同的分段母线）双回路供电，当工作回路发生故障时，在电源侧自动切换（对不允许停电的Ⅰ级负荷）或手动切换（对允许短时停电的Ⅰ级负荷）转入备用回路，切换装置以后为单回路配电。

当电源距负荷较远时，则采用双电源（或引自单电源不同分段母线）双回路供电。当工作回路发生故障时，在负荷侧采用自动或手动切换转入备用回路运行,在切换装置以后为单回路配电。

手动切换通常采用双投刀闸进行切换，当工作回路发生故障时应发出灯光或音响信号，通知值班人员，进行手动切换，转入备用回路继续运行。

自动切换装置通常采用接触器、带有电磁合闸或电动机合闸的自动空气开关来实现。

图9-7为由两只交流接触器组成的双电源自动切换装置的接线图。工作时，首先将组合开关1HZ、2HZ闭合，使转换开关LW扳至0°位置，于是其接点3、4闭合，接通接触器1CJ，负荷由1#回路供电，同时1CJ的辅助触头动作：1CJ1发出指示、1CJ2断开2CJ的线圈回路。再将转换开关LW转至+45°位置，使1、2闭合，装置即处于自动状态。当1#回路故障时，1CJ失电，其常闭触点$1CJ_2$闭合，接通接触器2CJ的电源，使负荷由2#回路供电，同时2CJ的触头2CJ1、2CJ2动作发出信号并断开1CJ的线圈回路。这种装置适用于负荷电流在400A及以下的回路。

图9-8所示为由带有电磁合闸的框架空气开关组成的自动切换装置。装置可由任何一路电源供电，而另一路作为备用。当1#回路供电，2#回路备用时，首先合上刀开关1D、2D，再合

上组合开关1K，则使接触器1C线圈接通电源，其主触头闭合，使空气开关1DW的电磁铁操作线圈1DW通电，于是空气开关1DW合闸，1$^{\#}$回路投入运行。再将组合开关2K合上，做好自投的准备。图中时间继电器1SJ是当合闸后迅速断开电磁铁操作线圈的电源，以免其长时间通电而被烧毁。当1$^{\#}$回路故障或停电时，由失压线圈1SY作用1DW自动跳闸，其常闭接点1DW自动闭合，将接触器2C接通，使2DW的电磁铁操作线圈带电，自动空气开关2DW自动合闸，将2$^{\#}$回路自动投入运行。当2$^{\#}$回路运行，而1$^{\#}$回路作备用时，其过程与上述相同。

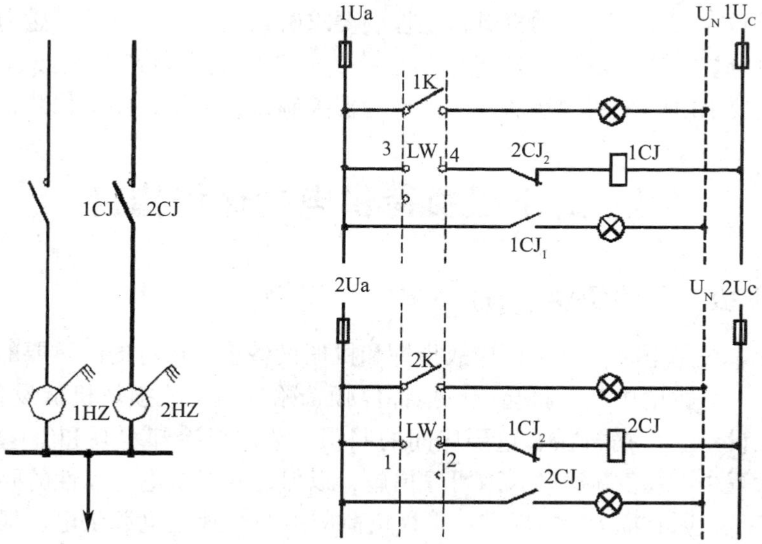

图9-7　双电源自动切换装置

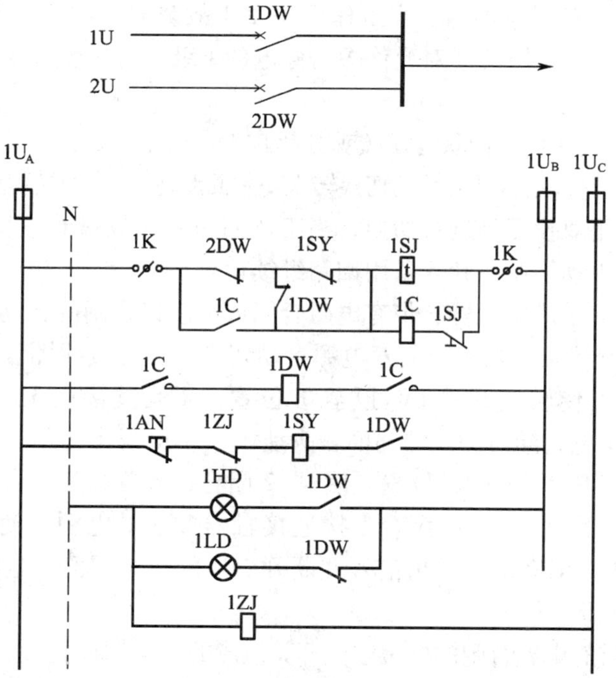

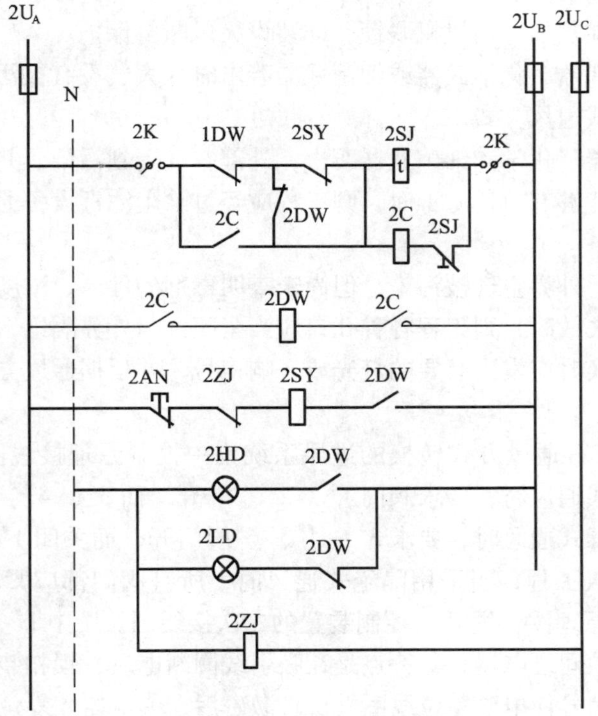

图 9-8 自动切换装置线路原理图

这种装置适用于负荷电流在400A以上的回路中作双电源双回路自动切换。目前，在人防工程电气设计中一般选用ATS自动转换开关。

9.2.2 Ⅲ级负荷的自动切除

由于电源故障，Ⅰ级负荷自动切换到非故障母线供电，如果Ⅰ级负荷较大，就有可能使非故障母线电源过负荷，甚至影响对Ⅰ级负荷的供电可靠性。在这种情况下，必须采取措施，在Ⅰ级负荷切换时，将部分（或全部）Ⅲ级负荷自动切除。采用的办法：将Ⅲ级负荷回路开关选用带失压脱扣的元件。

9.3 通风系统的供电与控制

为了保证工程内的正常工作和人员的生命安全，对三类及以上的通信工程，一般应装设三种通风方式的信号音响装置，清洁式通风为绿灯，过滤式通风为黄灯，隔绝式通风为红灯加报警。通风方式信号音响装置应分别装设在最里一道密闭门的内侧、防化工作间、电站机房、控制室和风机房等。

人防工程应在通风系统中设置以下电气联锁和控制设置：

当工程遭原子袭击时，毒剂、射线报警仪应准确及时地自动关闭染毒区内进、排风管上的电动密闭阀门。

进、排风机的控制应联锁、工程内外超压低于允许设计值，排风机应自动停止运行，联锁和自动装置应能手动切除。

通风系统中的电加热器应与风机联锁，即装设无风断电保护。

在未遭受敌人核武器、化学武器或细菌武器袭击时，大气没有被污染，工程进风不需要进行滤毒，采用清洁式通风方式。

当敌人进行核武器、化学和细菌武器袭击，外部空气受到污染，并已查明毒剂的性质和浓度，确认滤毒设备能够有效地滤毒时，则工程应经过除尘滤毒设备通风，此时为滤毒式通风方式。

当敌人进行袭击，外界空气被污染，但尚未查明毒剂的性质、浓度或因工程头部遭到破坏而使除尘滤毒设备失效时，则工程各种孔口应当紧闭，与外界隔绝，采用隔绝式通风。各种通风方式在进行转换时应发出必要的灯光或音响信号，并根据通风方式的要求开启和关闭相应的阀门。

图9-9为某工程三种通风方式转换的进风系统集中控制原理接线图。图A为通风系统图，当工程采用清洁式通风时，要求阀门1#、2#、5#开，而3#、4#、6#关闭，使空气直接进入工程；当采用滤毒式通风时，要求3#、4#、6#阀门开，而关闭1#、2#、5#阀门，外界空气应经滤毒罐后进入工程；当采用隔绝式通风时，所有阀门都应紧闭，使工程与外界隔绝。图B为系统控制原理图，图C为控制装置的二次接线图。图中1~3ZJ为JZ8-P型带释放线圈及锁扣装置的中间继电器，其特点是在吸引线圈断电后，锁扣装置仍将衔铁保持于闭合位置直到输入另一信号使电磁复位线圈（Sf）激磁后，继电器才复位。由于继电器电磁复位线圈仅能短时通电，因而在其回路中应串入一常开触点，以便当继电器复位后，马上断开复位线圈的电源。

当工程采用清洁式通风时，按下清洁式通风启动按钮11QA，使中间继电器1ZJ吸引线圈带电，于是1ZJ的常开触点即行闭合：$1ZJ_1$触点闭合，为复位线圈（Sf）通电做好准备；$1ZJ_2$闭合使绿色信号灯LXD亮，向各处发出清洁式通风信号；$1ZJ_3$闭合使1#电动阀门打开，当阀门完全打开后，其限位开关节点$1S_1$断开，使电动机停止工作，$1S_2$闭合，使白色信号灯1BD亮发出指示；$1ZJ_4$闭合使3#（4#）电动阀门关闭，并发出关闭的指示信号；$1ZJ_6$闭合使6#电动阀门关闭，并发出关闭的指示信号。

当工程采用滤毒式通风时，按下滤毒式通风按钮21QA，使中间继电器2ZJ带电，2ZJ的各常开接点闭合：$2ZJ_1$闭合，为复位线圈Sf通电做好准备；$2ZJ_2$闭合向各处发出滤毒式通风的指示信号$2ZJ_3$闭合使1#（2#）阀门的接触器通电，1#（2#）阀门关闭，当完全关闭后限位开关接点$1S_3$断开，使电动机断电。停止工作，同时$1S_4$闭合发出阀门完全关闭的指示信号；$2ZJ_4$闭合，使3#（4#）阀门打开；$2ZJ_6$闭合，使6#阀门打开，此时工程则通过除尘滤毒设备进风。

当工程采用隔绝式通风时，则按下隔绝式通风按钮31QA，使中间继电器3ZJ带电，其各常开触点闭合，使所有阀门关闭，工程内部与外界完全隔绝，其中$3ZJ_3$闭合，使报警电铃DL接通电源，向各处发出隔绝式通风的报警信号。

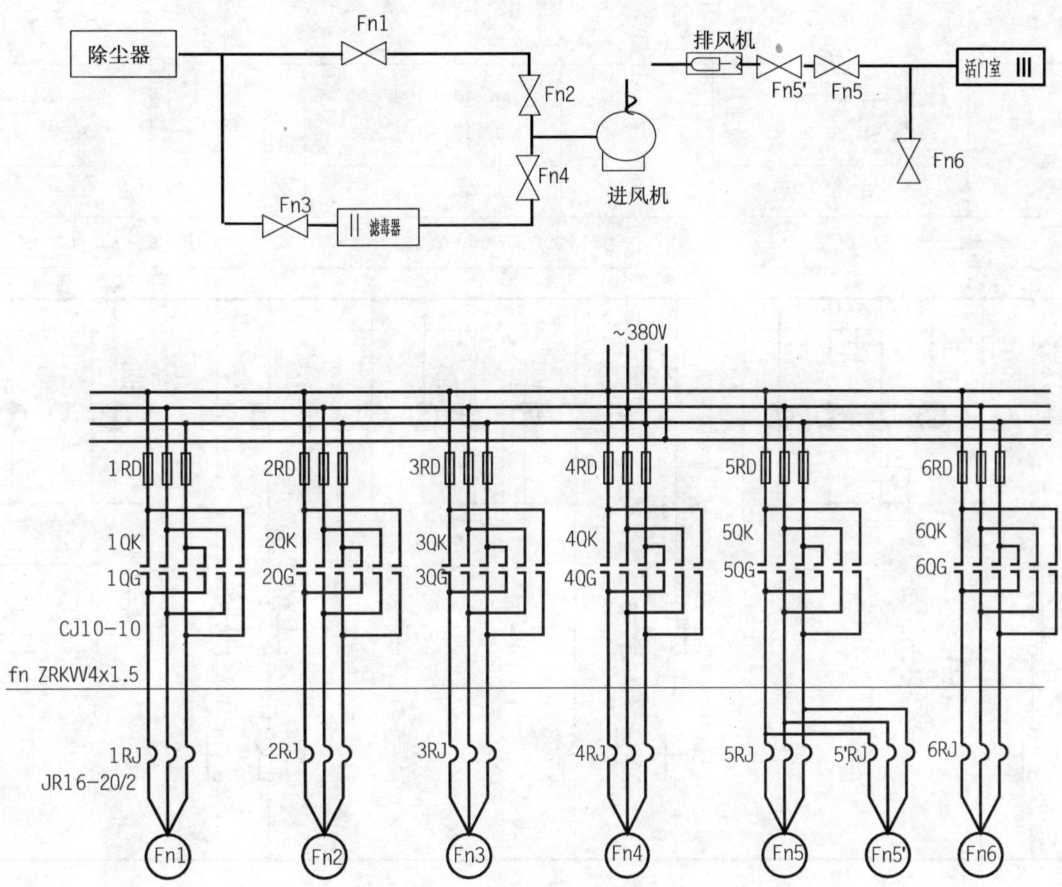
除尘器
Fn1
Fn2
Fn3
Fn4
滤毒器
进风机
排风机
Fn5'
Fn5
Fn6
活门室
~380V
1RD
2RD
3RD
4RD
5RD
6RD
1QK
2QK
3QK
4QK
5QK
6QK
1QG
2QG
3QG
4QG
5QG
6QG
CJ10-10
fn ZRKVV4x1.5
1RJ
2RJ
3RJ
4RJ
5RJ
5'RJ
6RJ
JR16-20/2
Fn1
Fn2
Fn3
Fn4
Fn5
Fn5'
Fn6

(a) 一次系统原理图

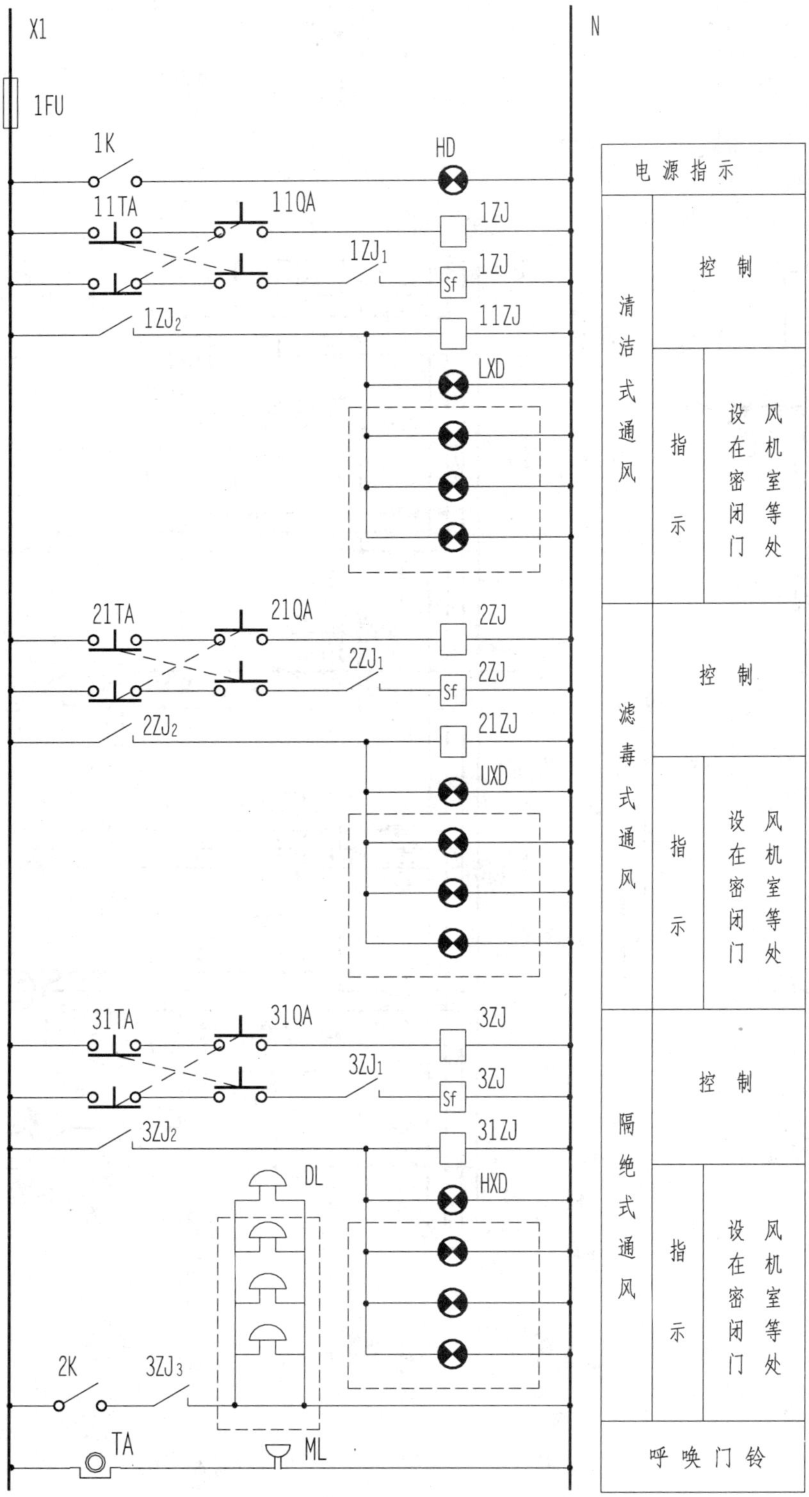
X1
N
1FU
1K
HD
11TA
11QA
1ZJ
1ZJ1
1ZJ
Sf
1ZJ2
11ZJ
LXD
21TA
21QA
2ZJ
2ZJ1
2ZJ
Sf
2ZJ2
21ZJ
UXD
31TA
31QA
3ZJ
3ZJ1
3ZJ
Sf
3ZJ2
31ZJ
DL
HXD
2K
3ZJ3
TA
ML
电源指示
清洁式通风
控制
指示
设在密闭门
风机室等处
滤毒式通风
控制
指示
设在密闭门
风机室等处
隔绝式通风
控制
指示
设在密闭门
风机室等处
呼唤门铃

(b) 通风控制原理图

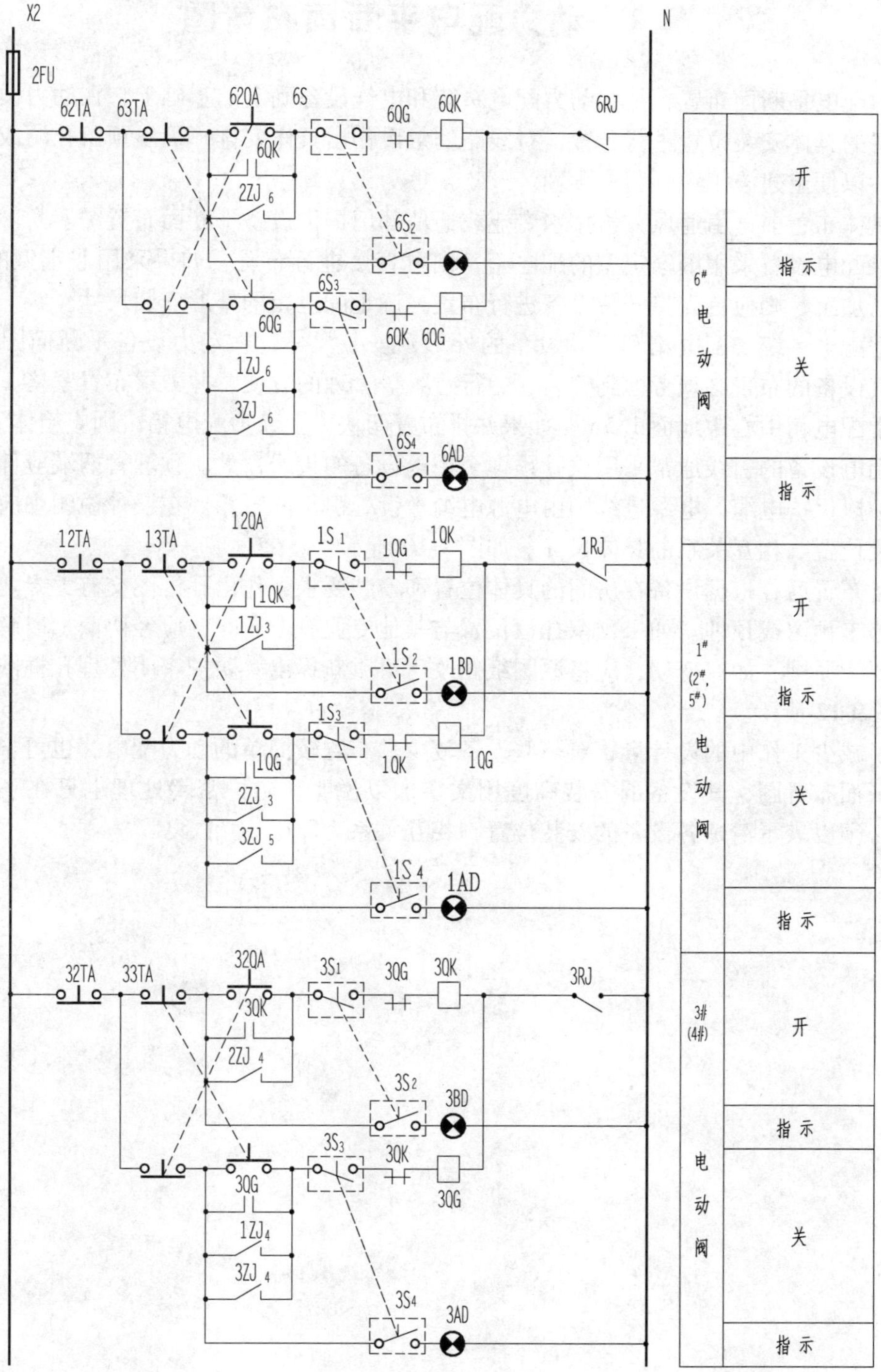

(c)控制装置二次接线图

图 9-9　三种通风方式控制原理图

9.4 动力配电平断面布置图

动力配电平断面布置，是在动力配电系统和电气设备确定的基础上，在动力设备房间对电气设备的具体安装位置进行布置，对线路的敷设作出具体安排，提出预留孔洞或预埋管线等资料，以便土建施工中预留或预埋。

在具体布置前，由通风、给排水专业或通信部门提供设备平断面布置图。

如果配电设备采用国家定型的配电箱，则可直接进行布置，如果采用非定型的配电箱，需要自己加工，则应首先将开关设备进行布置，确定配电箱的外形安装尺寸。

根据配电系统、配电箱和启动设备的外形及安装尺寸，在动力设备平断面图上布置设备。电气设备的布置必须考虑到安装、运行、维护管理的方便，并力求布置紧凑、合理、美观。通常配电箱中心距地面1.5m。如果并排布置两块以上动力配电箱，则应箱体下沿取齐。开关到用电设备的引线通常采用铁管预埋至用电设备的接线盒处。预埋管两端应伸出地面一定高度，以保护电缆，电源进线则由电源电缆敷设处引至配电箱。在设计说明中应说明各设备的安装位置、相互关系的具体尺寸。如图9-10所示。

设备布置后，根据设备在房间的具体位置和安装要求，作出孔框图交有关专业汇总，以便土建施工预留或预埋。如果预留孔框位置与其他专业有矛盾时，应经协商加以解决，以服从最需要为原则，如有变动，应将原图纸修改后再重新提出。防护密闭处理孔框图做法如图9-11、图9-12所示。

为了减少工作中的设计量，对一些设备较少，布置较简单的动力配电，也可根据情况只作出其平面布置图，其设备的安装高度用文字加以说明，防护密闭处理也只在平面图上表示，但必须以表示清楚各设备的安装位置、相互关系为原则。

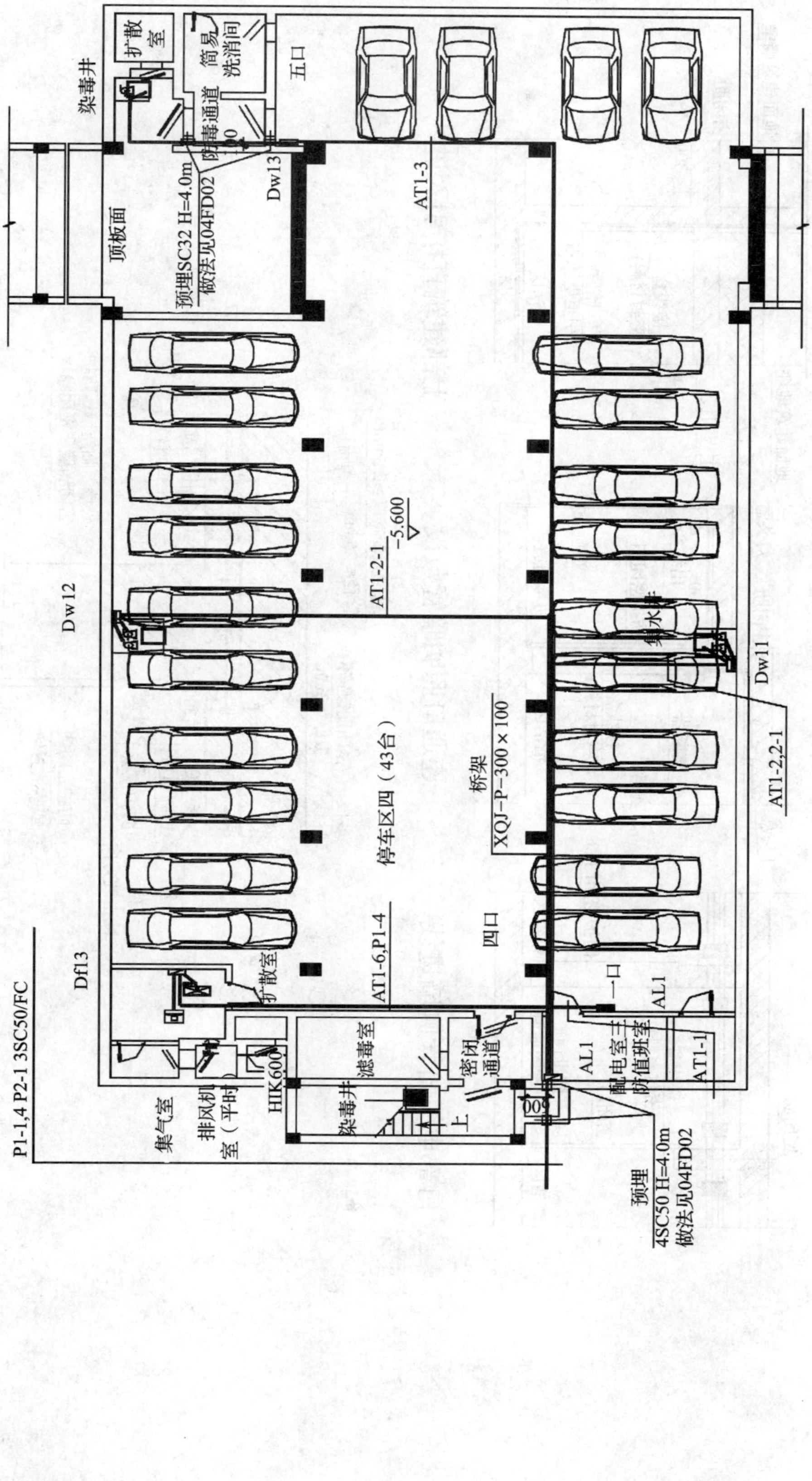

图 9-10　动力布置平面图

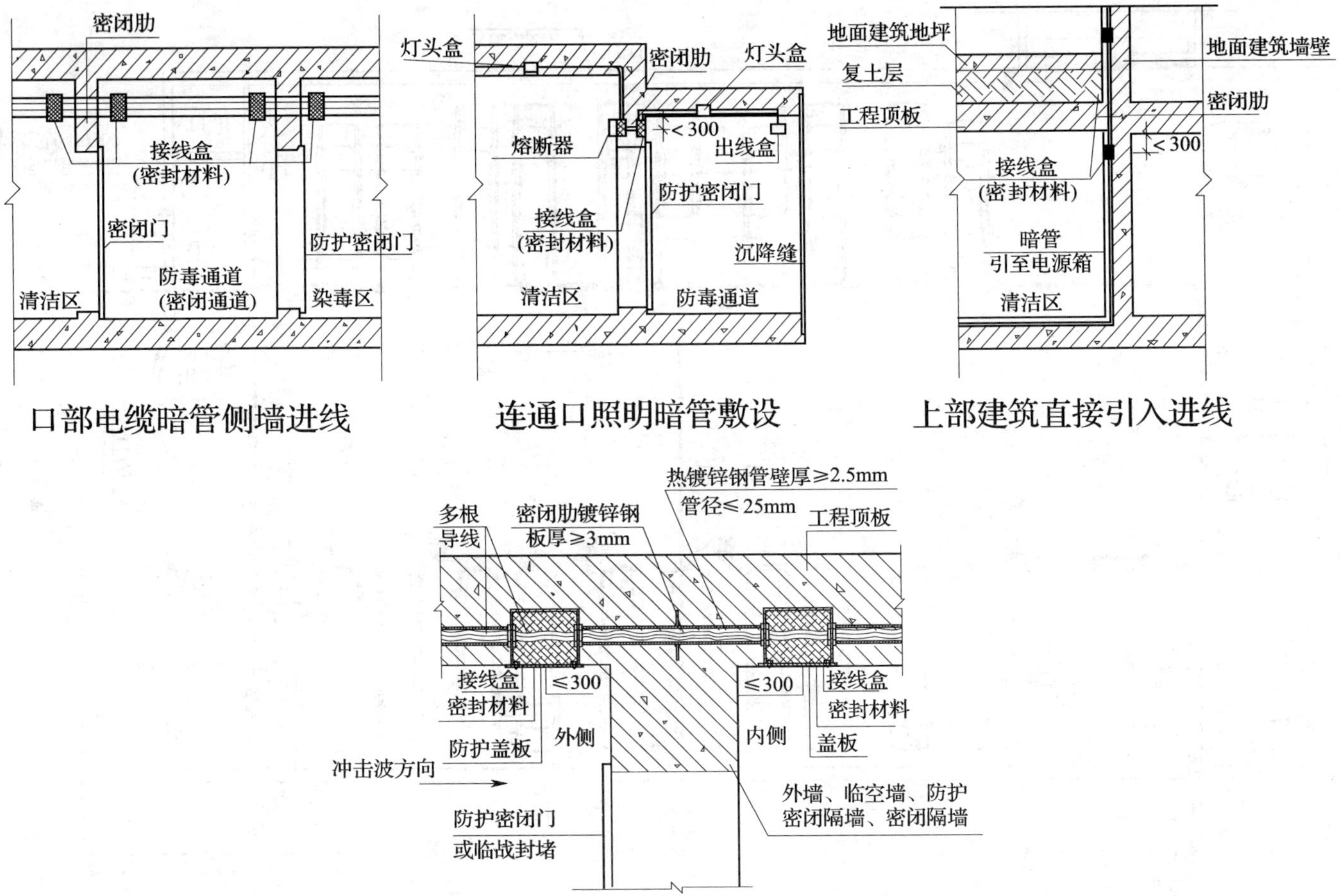

图 9-11 线管防护密闭做法

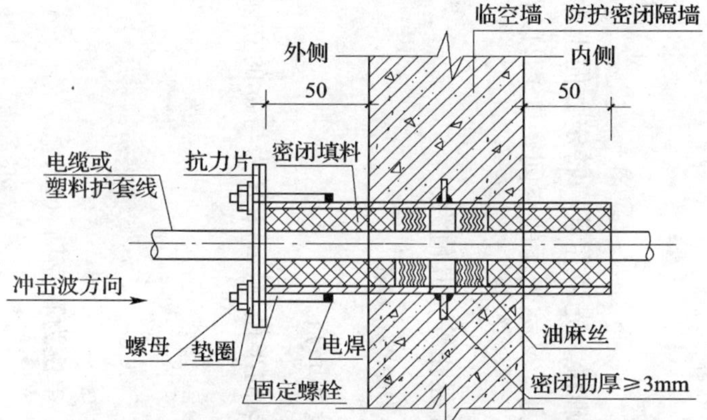

方案1(核4级、核4B级、核5级、常5级)

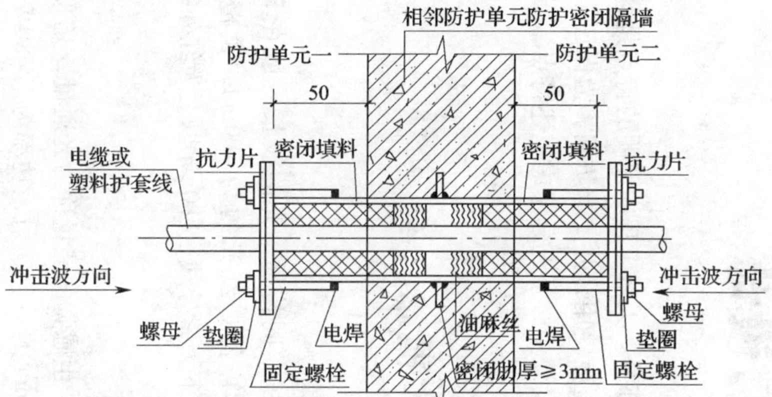

方案2(核4级、核4B级、核5级、常5级)

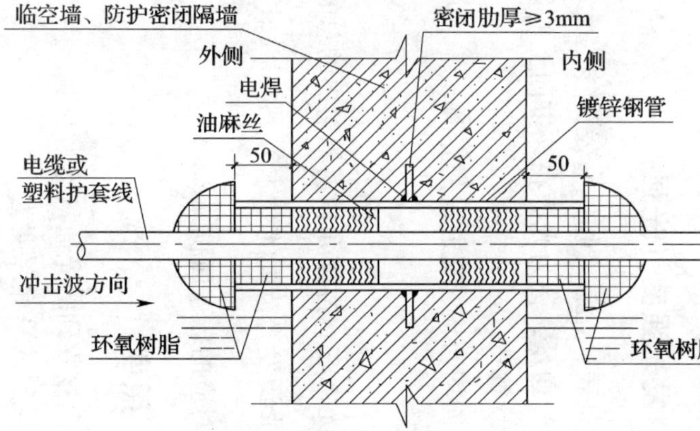

方案3(核6级、核6B级、常6级)

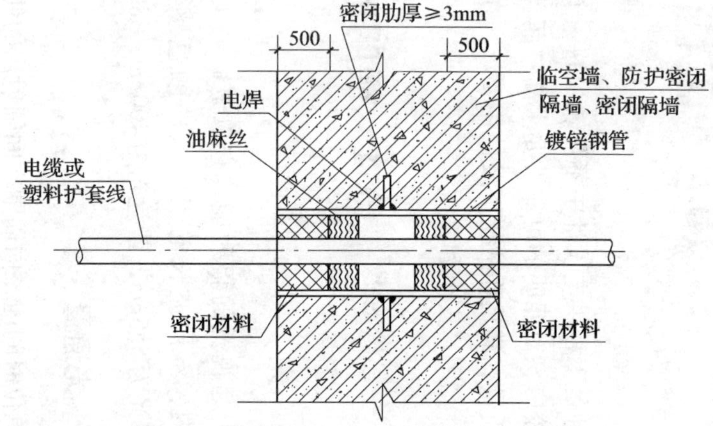

密闭穿墙管示意图(适用于各种抗力等级的人防工程)

图9-12　单根钢管防护密闭做法

10 工程照明设计

照明设计是工程供电设计中不可缺少的一个组成部分。人防工程中照明的特点是容量不大，但分布较广，对照明的可靠性要求高，而且需要昼夜使用，并要求防潮。为保证工程内照明的供电质量，满足作战指挥及使用要求，在照明设计中必须充分考虑上述特点，做到照明设计经济、实用、安全和美观。

10.1 照明的基本概念

10.1.1 光

光是能引起视觉的辐射能，它以电磁波的形式在空间传播。光的波长一般在380～780nm范围内，不同波长的光给人的颜色感觉不同。例如红光约为700nm，黄橙光为600nm，黄绿光为555nm，紫兰光为400nm，380nm以下为紫外线，780nm以上为红外线。

10.1.2 光通量

光源在单位时间内，向周围空间辐射出的使人眼产生感觉的能量称为光通量，光通量常用Φ表示，单位为流明（lm）。1lm相当于波长为555nm的单色辐射，功率为1/680W时的光通量。人们通常以消耗1W电功率产生多少lm（即lm/W）来表征电光源的特性，称为发光效率（简称光效），光效越高，说明光源性能越好。

10.1.3 发光强度（光强）

发光强度是表征光源（物体）发光能力大小的物理量。光源在某一特定方向上单位立体角内辐射的光通量，称为光源在该方向上的发光强度（又称光通的空间密度）。以符号I表示，单位为坎德拉（cd）。

对于各方向均匀辐射光通量的光源，各个方向的光强相等，其值为：

$$I = \frac{\Phi}{\omega}$$

式中 Φ——光源在ω立体角内所辐射出的总的光通量（lm）；

ω——光源发光范围的立体角：$\omega = \frac{S}{r^2}$其中r为球的半径（cm）；S为与ω的立体角相对应的球表面积（cm^2）。

10.1.4 照度

单位面积上接收到的光通量称为照度，用E表示，单位为勒克斯（lx）。

被光均匀照射的平面照度为：

$$E = \Phi/S$$

式中 Φ——S 面上接收到的总光通量（lm）；

S——被照面面积（m）。

1lx 相当于 $1m^2$ 被照面上的光通量为 1lm 时的照度。在夏季阳光强烈的中午，地面照度约为 5 万 lx，冬天的晴日，地面照度约为 2000lx，而在晴朗的月夜，地面照度仅为 0. 2lx。

当采用某方向发光强度为 I 的点光源照明时，受照面上某点的水平照度 E_s 与它至光源的距离 r 平方成反比，与入射角的余弦 $I \cdot \cos\theta$ 成正比（见图 10-1）用公式表示为：

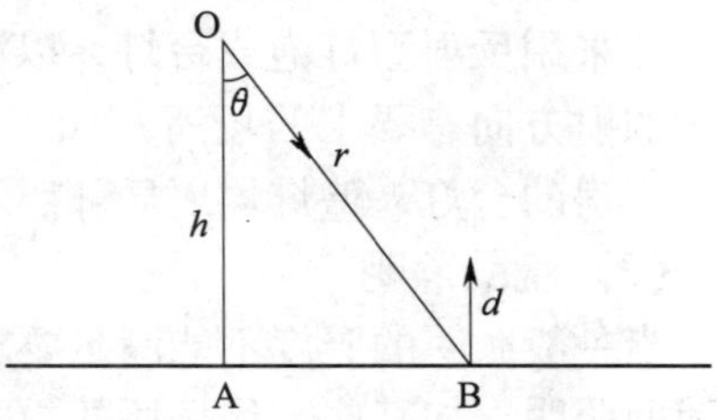

图 10-1 水平照度与光强的关系

$$E_s = I \cdot \cos\theta / r$$

当垂直高度为 h 时，则上式为：

$$E_s = I \cdot \cos\theta / h$$

同样，受照面上某点的垂直照度 E_c 与它至光源的距离 r 平方成反比，与入射角的正弦（$I \cdot \sin\theta$）成正比。即：

$$E_c = I \cdot \sin\theta / r$$

E_c 与 E_s 的关系为：

$$E_c = E_s \cdot \tan\theta = E_s \cdot d/h$$

由于照度既不考虑被照面的性质（反射、透射和吸收），也不考虑观察者的方向，因此它只能表明光照的强弱，并不能表征被照物体的明暗程度。

10. 1. 5 亮度

发光体在给定方向单位投影面积上的发光强度，称为发光体在该方向上的亮度，符号为 L，单位为坎德拉每平方米（cd/m^2），用公式表示为：

$$L = [I/(S \cdot \cos\theta)]$$

式中 I——与法线成 θ 角的给定方向上的发光强度（cd）；

S——发光体的面积（m）。

人眼明暗的视觉不决定于物体的照度，而是取决于物体在眼睛视网膜上成像的照度——即物体的亮度。因此目前国际上有些国家是以亮度作为衡量照明质量的一个重要的依据。

10. 2 照明方式和种类

10. 2. 1 照明方式

(1) 一般照明

在整个场所或场所的某部分照明基本上均匀一致的照明，称为一般照明。这种照明的方式采用的光源数量较多，在顶棚上等间隔布置，工作面上的照度基本相等。对工作位置密度大而对光照方向无特殊要求，或不适应装设局部照明的场所，如工厂车间，办公室、体育馆、教室等，宜单独采用一般照明方式。

(2) 局部照明

为满足工作面上某些局部需要高照度照明的要求，而装设的照明称为局部照明。这种照明往往采用反射型灯泡或台灯，以满足局部的高照度要求，适用于对局部地点需要高照度，且对照射方向有要求的场所，如工厂的检验、画线、钳工台及机床照明等，民用建筑的卧室、客房的台灯、壁灯均属局部照明。

(3) 辅助照明

当一般照明的照度不能满足要求时，用在靠近工作地点附近设置的照明来补充照度，称为辅助照明。如某些工作场所的投光照明即属此类。

(4) 混合照明

一般照明和局部照明共同组成的照明称为混合照明。当采用混合照明时，一般照明照度应不低于混合照明总照度的5% ~10%，且最低不应低于20lx。

10.2.2 照明种类

按照明的功能和作用，照明可分下列五类：

(1) 正常照明

为满足正常工作需要而设置的照明，称为正常照明。正常照明一般可单独使用，也可与应急照明同时使用，但控制线路必须分开。

(2) 应急照明

1）备用照明。在事故情况下，正常照明熄灭后，供给维护检修、继续工作或安全通行的照明称为备用照明。人防指挥工程一般设置备用照明。当工程内有直流电源可利用时，宜设置直流备用照明，如利用EPS电源供备用照明。

交流备用照明一般不应超过正常照明容量的1/2，直流备用照明一般不应超过正常照明容量的1/4。

2）安全照明。在事故情况下，正常照明熄灭后，需确保处于潜在危险之中的人员安全的场所的照明。

3）疏散照明。在事故情况下，正常照明熄灭后，需确保人员安全疏散的出口和通道的照明。

(3) 值班照明

在非生产时间内值班人员使用的照明称为值班照明。值班照明可利用正常工作照明中可单独控制的一部分或利用事故照明的一部分或全部兼作值班照明。

(4) 警卫照明

按警戒任务的需要而设置的照明称为警卫照明。警卫照明应根据工程的重要程度、保密要求及当地保密部门的规定设置。

(5) 障碍照明

为了保证夜行的安全，在飞机场附近较高的构筑物上以及船舶通行航道两侧修建的障碍指示设施上设置的照明，称为障碍照明，障碍照明应根据民航和交通部门的有关规定设置。

10.3 照明的质量和要求

照明设计的目的是为工作环境制造满意舒适的视觉条件。因此照明设计必须满足工作面上合理的照度，工作环境中亮度分布要力求均匀，照明应具有足够的稳定性，限制眩光和具有良好的显色性等。

10.3.1 合理的照度

照度是决定物体明亮程度的间接指示。在一定范围内，照度的增加能使视觉的能力提高。合理的照度将有利于保护工作人员的视力，提高工作效率，减少差错。根据对已建成投入使用的工程的调查，过去工程照明，照度普遍较低，工作人员常年在低照度下工作，不但使工作效率减低，甚至造成视力衰退、头昏、神经衰弱等症状，特别是通信工程反映更大。因此设计规范对人防工程的照度标准比过去略有提高。根据人防工程无天然采光的特点，对工程内有人工作业的房间的照度，一般均比地面照度标准高一级，对无人工作的房间，基本参照地面工程照度标准。

10.3.2 照明的均匀度

在工作环境中，如果有彼此亮度不同的表面，当视线从一个面转向另一个面时，眼睛被迫经过一个适应过程。当适应过程经常反复时，就会导致视觉的疲劳，因此，在工作环境中的亮度分布应力求均匀，其中包括工作面上照明的均匀性和工作面与周围环境的亮度差别。

一般照明的均匀性是以房间的最低照度 E_{min} 和最高照度 E_{max} 之比，即最低均匀度来衡量的，我国的照明标准规定室内最低均匀度不小于0.7。

整个工作面上并不要求照度十分均匀，但照度变化必须是缓慢的，工作面上允许的最低照明均匀度为0.5～0.3。

为了获得理想的照明均匀度，主要措施是采用合理的距高比 L/H（即灯具的安装间距 L 与安装高度 H 之比）。其次是采用间接型、半间接型照明器及日光灯发光带等。一般布灯时采用的距高比如表10-1所示。

表10-1 各种灯具的合理距高比（L/H）

灯具型式	多行布置		单行布置		单行布置房间最大允许宽度
	最有利值	最大允许值	最有利值	最大允许值	
圆球灯、吸顶灯、安全灯、矿山灯（不带伞或保护角很小的伞）	2.3	3.2	1.9	2.5	1.3H
裸灯头（吊式、直付式）	2.3	2.6	2.0	2.2	1.3H
白炽灯头（带荷叶或碗式瓷伞的吊式或直付的）、万能型灯	1.8	2.5	1.8	2.0	1.2H
安全灯、矿山灯（带较大保护角灯伞的）、深照灯、塔形灯	1.6	1.8	1.5	1.5	1.0H
镜面深照型灯、下部带有漫射透光玻璃栅格的日光灯等	1.2	1.4	1.2	1.4	0.75H

10.3.3　限制眩光

由于亮度分布不适当、亮度的变化幅度过大或在时间上相继出现的亮度相差过大，而造成在观察物体时感觉不舒适或视力减低的视觉条件称为眩光。按引起眩光的原因不同，分为直射眩光和反射眩光两种。

一般说来，被视物与背景的亮度比超过1∶100时，便容易引起眩光。

照明器的眩光效应与光源的亮度、背景亮度、悬挂高度以及灯具的保护角有关，因此，限制眩光，通常可以采用下列方法：

1）限制光源的亮度，降低灯具表面的亮度，如采用磨砂玻璃、漫射玻璃或格栅等，格栅保护角应为35°~40°范围。

2）局部照明的照明器应采用不透光的反射罩，且照明器的保护角不应小于30°；当照明器安装高度低于工作者的水平视线时，照明器的保护角应为10°~30°。

3）为了限制直接眩光，室内一般照明用的照明器对地面的悬挂高度，应不低于表10-2所列数据。

表10-2　室内一般照明用的照明器距地面的最低悬挂高度

光源种类	照明器形式	照明器保护角	灯泡容量（W）	最低悬挂高度（m）
白炽灯	带反射罩	10°~30°	100及以下 150~200 300~500 500以上	2.5 3.0 3.5 4.0
白炽灯	乳白玻璃漫射罩	—	100及以下 150~200 300~500	2.0 2.5 3.0
荧光高压钠灯	带反射罩	10°~30°	250及以下 400及以上	5.0 6.0
卤钨灯	带反射罩	30°及以上	500 1000~2000	6.0 7.0
荧光灯	无罩	—	40及以下	2.0
金属卤化物灯	带反射罩	10°~30° 30°以上	400 1000及以上	6.0 14.0以上
高压钠灯	带反射罩	10°~30°	250 400	6.0 7.0

10.3.4 照明的稳定性

照明不稳定将使工作面上的亮度发生变化，从而在视野内将产生视力适应跟随，时间长了，将使视力降低；同时，照度在短时间内迅速变化，也会在心理上分散工作人员的注意力，影响工作效率，甚至造成事故。因此，在设计中，对照明的稳定性应予以重视。

照明不稳定主要是光源光通量的变化引起的，而光通量的变化，主要由于照明电源电压的波动造成的。如大型电动机的启动、电焊设备的工作都将引起电压的波动。因此，为保证照明的稳定性，在照明供电线路的设计中，必须考虑将照明与负荷经常变化大的电力供电线路分开，必要时可采用稳压措施。

此外，光源本身的摆动也将引起照明的不稳定，产生影子晃动，影响视力。所以照明器的安装位置应避开自然气流经常冲击的地方，当照明器的悬挂高度超过1.5m时，宜采用管吊式灯具。

变流气体放电灯随着电流的周期性变化，其光通量也将随之产生周期性变化，从而产生明显的闪烁感觉。对荧光灯，由于荧光粉有一定的余晖时间，闪烁现象有所减轻，但不能完全消除。因而在采用荧光灯等气体放电灯时，应考虑减轻或消除频闪效应的措施。通常的方法是把气体放电灯采用多管移相的接法，如三根荧光灯分别接在三相电源上。一个照明器中装有两根灯管时，则将两根灯管分别接在不同相上。

10.3.5 光源的显色性

在需要正确辨色的场所，应采用显色指数较高的电源，如白炽灯、日光色荧光灯、日光色镝灯等。

当采用一种光源不能满足要求时，可采用两种以上光源混合使用的混光照明。例如，高压钠灯与高压水银荧光灯混合使用可以改善光色和提高发光效率；高压钠灯和高效金属卤化物灯混合可以提高发光效率和改善显色性；而高压钠灯与高显色性金属卤化物灯混合则可获得较高的显色性。

为使不同光源的光能充分混合，可以采用组合灯具，必要时也可以将不同光色的灯具有意识地组成图案，构成艺术照明等。

10.4 电光源的性能及其选择

10.4.1 各种电光源的性能比较

用于照明的电光源，按其发光机理可分为热辐射光源和气体放电光源两大类。热辐射光源是利用物体加热时发光的原理所制造的光源，如白炽灯、卤钨灯（碘钨灯和溴钨灯）均属此类。气体放电光源是利用气体放电时发光的原理所制造的光源。荧光灯、高压汞灯、高压钠灯、金属卤化物灯和氙灯属于此类。

光源性能的主要指标是光效、寿命和光色（显色性）。此外，工作的可靠性和稳定性、启动性能、抗震性能、附件多少和功率因数的高低，也是表征光源性能的指标。

光效较高的光源有高压钠灯、金属卤化物灯和荧光灯等，显色性较好的灯有白炽灯、卤钨灯、荧光灯和管形氙灯，寿命最长的灯是荧光高压汞灯。

光通受电压变化的影响，以高压钠灯变化最大，电压每下降 1%，其光通亮将下降 3.7%；荧光灯变化较小，电压每下降 1%，其光通量将下降 2.04% ~2.2%。

热辐射光源的功率因数都很高，一般可认为为 1，而气体放电光源若采用电感镇流器，功率因数都小于 1，有的很低，约为 0.41 左右。因此，为节省有色金属、提高设备的利用率，当大面积采用气体放电灯照明时，应采用电子镇流器或考虑无功补偿措施，一般采用集中补偿方法比较方便。

10.4.2 各种电光源的适用范围

（1）白炽灯

白炽灯启动性能好、工作可靠，而且开关次数对寿命没有影响，适用于频繁开关的场所，如走廊、楼梯间、台灯、工作台局部照明等。

白炽灯体积小、易于控光、没有附件、显色性好，也适用于显色性要求高的场所，如艺术照明、装饰照明、绘画、医院临床诊断以及调色、配色、印刷以及影院、舞台、饭店等场所。

此外，白炽灯还适用于事故照明和对测试设备产生高频干扰的地方和屏蔽室等。

由于白炽灯光效低、寿命低、电能消耗大、维护费用高，所以对照度要求高、使用时间长的场所不宜使用。

（2）卤钨灯

卤钨灯宜用在照度要求高、显色性好或要求调光的场所，如体育馆、大会堂、宴会堂等，其色温尤其适用于彩色电视演播室的照明。

但由于其工作温度高，不适于多尘、易燃易爆和腐蚀性环境的场所。

（3）荧光灯

荧光灯适用于进行较精细的工作、照度要求较高或长时间紧张视力工作的场所，悬挂高度在 4m 以下，如办公室、会议室、作战指挥室、设计室、医院、教室等。日光色荧光灯由于光色接近日光，适用于无天然采光的房间或要求环境舒适的照明场所，但悬挂高度不宜太高。此外，为了节约电能，在一些住宅、仓库也广泛使用荧光灯照明。

但荧光灯启动性能较差，且对寿命影响较大，不宜使用在频繁开关的场所。对环境温度过高或过低的场所也不宜采用。

（4）高强气体放电灯

这种光源一般适用于要求照度高或中等的高大厂房和露天场所。对显色性要求不高的场所，可采用荧光高压汞灯，但照度不宜低于 30lx。

低压钠灯适用于远郊区公路的路灯照明，近郊道路可采用荧光高压汞灯，市区街道一般应采用高压钠灯或荧光高压汞灯。繁华街道可采用金属卤化物灯，工厂厂区道路宜采用荧光高压汞灯。氙灯则适用于大面积的户外照明。

（5）镜面反射型灯

镜面反射型灯适用于多尘，多腐蚀性气体的场所。并可代替灯具使用，维护简便，不宜损坏。

10.5 照明器的选择与布置

光源和灯具的组合称为照明器。灯具的作用是固定光源，把光源发出的光分配到需要的方向上，防止眩光以及保护光源不受外力或外界潮湿气体的影响。

10.5.1 照明器的分类

照明器通常以发出光通量在空间的分布特性和照明器上结构特点进行分类。

(1) 按光分布特性分类

按光通量在上、下半球空间的分配比例可分为直接型、半直接型、漫射型、半间接型和间接型五种。

按光强曲线的形状可分为正弦分布型、广照型、漫射型、配照型、深照型和特深照型等六类。各类照明器的特点如下：

1）正弦分布型：光强是角度的正弦函数，当 $\theta=90°$时，光强为最大。

2）广照型：最大光强分布在较大角度上，可在较广的面积上形成均匀的照度。

3）配照型：光强是角度的余弦函数，且在 $\theta=0°$时，光强为最大。

4）漫射型：各个角度的光强基本一致。

5）深照型：光通量和最大光强值集中在 $0°\sim30°$的狭小立体角内。

6）特深照型：光通量和最大光强值集中在 $0°\sim15°$的狭小立体角内。

(2) 按照明器在建筑物上的安装方法分类

为使照明设计与建筑设计的意图相吻合，照明器可以按其在建筑物上的安装方法来分，有筒灯、吸顶灯、壁灯、吊灯等。

10.5.2 照明器的选用

照明器的选择主要考虑照明对灯具的光的技术特性的要求和使用环境的条件，此外，还应考虑照明器的经济指标和与建筑物的协调配合。

(1) 按配光特性选择照明器

在比较低的公共建筑中，房间的墙和顶均要求有一定亮度，要求房间有较高的反射系数，并需有一部分光直接照射在墙和顶棚上时，一般应采用直接－间接型配光的照明器，照明器上半球光通辐射一般不应小于15%，如乳白玻璃照明器或散射型照明器等。

在6m以上高大厂房，宜采用深照型照明器，但对有垂直照度要求的场所不宜采用高度集中配光的灯具，以便能使一部分光能照到墙上和设备的垂直面上。

厂房不高或要求减少阴影时，可采用余弦型、均照型或广照型配光的灯具。如果对消除阴影要求十分严格，则最好采用发光平面（如发光顶棚）。

对长而大的办公室或大厅，一般可采用带格栅的嵌入式灯具，布置成发光带，是整个房间光线柔和、照度均匀、且没有眩光。但光带的布置不宜过稀，以免使顶棚过暗。

为了防止眩光，应选用带有保护角或有漫射玻璃的照明器；为减少反射眩光，则应采用带有漫射装置（如扩散玻璃、格栅等）的灯具，或采用漫射天棚、漫射发光带等。

当要求有垂直照度时，可采用倾斜安装的照明器或选用不对称配光照明器，如教室黑板、作战室的图板等。

（2）按使用环境条件选择照明器

在干燥、湿润、潮湿和热的房间内，允许采用任意型照明器。但在潮湿的房间内所有灯头应用绝缘的耐潮的材料制成。在热的房间应尽量不使用带密闭玻璃的照明器，如果必须使用时，则应采用耐高温的气体放电灯。

在特别潮湿的房间内，灯具的引入线处应严格密封，灯头又必须用绝缘耐潮材料制成，可选用防潮灯、瓷质防水灯头开启式灯具。

多尘场所应采用整体密闭式防尘灯，将全部光路经过的界面都密闭在灯具之内，减少污染、提高效率。灰尘不太多的场所可采用开启式灯具，但在有灰尘的房间内限制使用带保护玻璃的照明器和格栅式灯具以及易于蒙尘的元件。

在腐蚀性气体严重的场所应采用密闭防腐灯具。对内部易受腐蚀的部件应实行密闭隔离，如采用 YG4 型荧光灯。对腐蚀性不强烈的场所可用半开启式防腐灯。

对有火灾危险的场所，为防止灯泡火花或热点成为火源引起火灾，固定安装的灯具在 H－2级场所应采用隔离密闭型灯具，如防水防尘灯；在 H－1 级场所应采用保护型灯具，如地下油泵间，贮油槽等。H－3 级场所如图书资料室、档案库、裁纸房间等，可采用一般开启式灯具，但与固定可燃材料之间应保持一定的安全距离。对移动式照明 H－1、H－2 级场所应采用防尘灯，H－3 级场所可采用保护型灯具。

在有爆炸危险的场所，Q－1 级场所采用隔爆灯；Q－2 级场所用安全型灯；如汽油洗涤间、蓄电池室等；Q－3 级、G－2 级场所用防水防尘灯，如喷漆室、干燥间或压缩机室等。

10.5.3 照明器的布置

照明器布置应考虑下列要求：满足规定的照度，使工作面上照度均匀，光线的射向要适当，无眩光、无阴影、容量小、维护方便，布置应力求对称均匀，整齐美观，并与建筑空间相协调。对于设备房间，应充分了解设备分布的位置，力求使工作面上得到足够的照度。

室内照明器作一般照明时，应考虑以下几个问题：

1）照明器的平面布置有正方形、矩形和菱形等几种，见图 10-2 所示，其等效灯距 L 由下式计算：

$$\text{对正方形}: L = L_1 = L_2$$

$$\text{对长方形布置}: L = \sqrt{L_1 \cdot L_2}$$

$$\text{对菱形布置}: L = \sqrt{L_1 \cdot L_2}$$

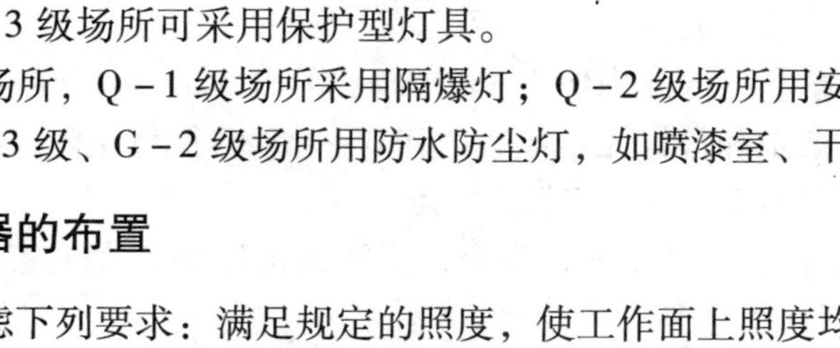

图 10-2　灯具布置形式

2）从照度的均匀性和经济性综合考虑，照明器布置的合理的距离比，也就是灯具等效距离 L 与计算高度 H（即光源至工作面的垂直距离）之比，可参考表 10-1 所列数据。

3）靠墙一列照明器与墙壁的距离应根据工作面与墙的相对位置来决定。当靠墙边有工作面时，取（0.25～0.3）L；当靠墙处无工作面时，则可取（0.4～0.5）L；其中 L 为两只照明器之间的距离。

4）当选用漫射型或半直接漫射型照明器时，为了使天棚上有均匀的照度，照明器自天棚的悬垂距离应适当，对漫射型，悬垂距离与天棚至工作面高度之比取0.25；对半直接型照明器，可取0.2。

5）当正常工作照明熄灭时，供继续工作的备用照明应能满足照度要求（一般在主要工作面上应维持原正常照度的30%～50%）；对只有一列照明器的场所，可采用与工作照明相间的布置形式；如为两列照明器，可选其中一列为备用照明或每一列均采用相间的布置形式；对三列照明器的场所，可选中间一列为备用照明或在旁边两列相间布置备用照明。

10.6 照度计算

照度计算是照明质量的重要指标，照度计算的任务就是根据照明器型式、容量及布置情况，计算某点的照度值。也可以根据所需照度值和其他已知条件来决定灯泡的容量和灯数。

照度计算的基本方法有利用系数法和逐点计算法，它们的特点及适用范围见表10-3。

表10-3　照度计算方法的特点及适用范围

计算方法		适用范围	特点
利用系数法	用利用系数计算	计算室内水平面上的照度	此法考虑了直射光和反射光两部分产生的照度，计算结果为水平面上的平均照度
	概算曲线法单位容量法	一般生产及生活用房的灯数概略计算	
逐点计算法	平方反比法等照度曲线法	采用直射照明器，可直接求得水平面照度，也可乘以系数求得任意面上的照度	只考虑直射光产生的照度，可计算任意面上某点的直射照度
	方位系数法	线光源场所求任意面上的一点的照度	

10.7 照明供电网络设计

10.7.1 照明供电网络设计的一般要求

1）照明电压一般采用交流220V；直流事故照明电压，应根据工程内直流电源的情况确定。当工程无外电源，也无适当的通信电源可供事故照明时，在柴油电站控制室附近允许设置24V或36V的封闭式蓄电池组作为少量事故照明电源。

2）指挥所的供电工程的首长办公室、重要的作战指挥区和有Ⅰ级负荷的房间，宜采用双电源双回路自动切换后单回路供电系统；通道和规模较小的工程的照明，一般采用双电源双回路交叉供电。

利用直流电源作事故照明时，一般只适用于首长办公休息房间、重要作战指挥区、有I级负荷的房间和通道。

规模较小的工程和防空地下室，宜采用单电源、单回路供电。

3）照明应采用分区配电方式，分区配电箱通常应设在分区负荷中心，便于维护、操作、安装和检修的地方，并尽量减少倒送电能的损失。

4）照明系统可采用树干式、链式及放射式相结合的系统，主干线常采用树干式或链式三相五线系统。链式干线所连配电点一般不应超过三处。由分区配电箱引出的分支干线常采用放射式的双线系统。单相分支干线截面不宜太粗，容量不宜太大，负荷矩通常为60～80kW·m左右，负荷电流一般不应超过16A，所带灯具一般不应超过25个或插座15个。

5）通道照明一般应与房间照明分开配电，通常采用三相五线式供电，同时应考虑1/3～1/4的应急照明，通道照明可由配电箱直接控制。

6）为便于事故情况下集中切除电热负荷，一般照明和电热应分成两个系统配电，但如电热容量不大于照明容量的2～3倍时，允许和照明共用一系统供电。

分散的离电源或照明配电点较远的单个动力房间的照明和电热可由动力线路供电。当照明灯与电热由同一支线混合供电时，电热插座前应设熔断器保护。

照明开关和插座的位置与数量应满足使用方便的要求，在由爆炸危险的房间和场所设置开关和插座时，应采用防爆型。

7）对于重要首长房间照明的要求：①为保证安全，照明电压应宜采用安全电压36V或24V，将系统电压用小变压器降压（采用集中降压或分散降压）后供电。②灯具应采用吊灯、吸顶灯或配合适量壁灯，并设置一定数量的插座。线路应采用暗管敷设。

10.7.2 照明配电系统

根据工程及各类房间重要程度不同，照明配电系统也不相同。

（1）一般工程照明配电系统

对一般工程、照明负荷可采用单回路供电。照明线路与动力线路应在母线上分开供电。应急照明应与正常工作照明线路分开，照明箱系统图如图10-3所示。

（2）较重要工程的照明配电系统

较重要的工程内一般均设有两个独立电源，整个工程供电系统多采用单母线分段系统。此时，照明配电宜采用引自不同母线的双回路交叉供电方式。

交流事故照明可由母线引出不同回路供电，也可以采用蓄电池等小型电源供电，一般可与工作照明交叉供电，必要时也可采用自动切换。

（3）重要工程的照明配电系统

重要工程正常工作照明应采用引自不同独立电源的双回路自动切换供电系统，并在负荷侧采用自动切换措施。应急照明应设置第三独立电源，如EPS应急电源或由附近引来的独立电源线路，应急照明电源应能自动投入。

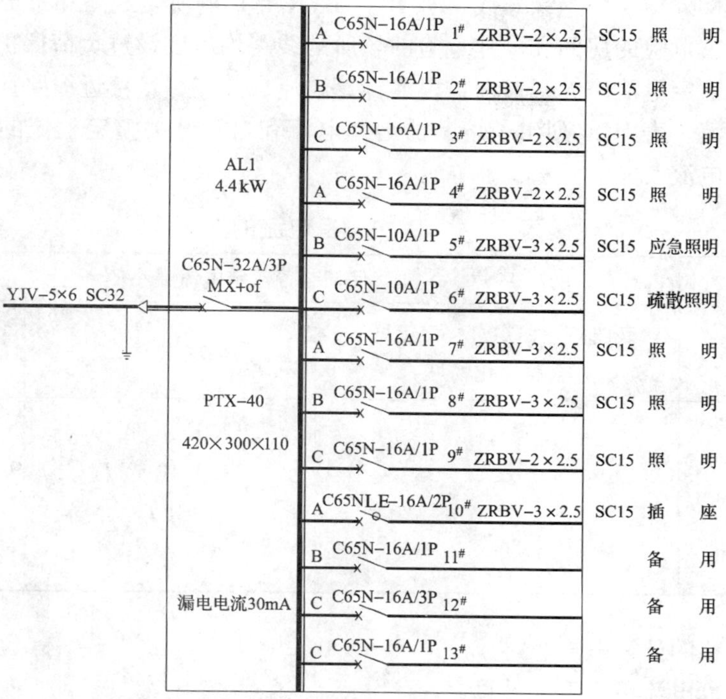

图 10-3　照明配电箱系统图

10.7.3　照明线路导线的选择和敷设

照明线路导线型号及敷设方式应根据导线所在的环境条件和要求确定。导线的敷设方式详见第 8 章。

10.7.4　照明设备的选择和设置

（1）照明配电箱

照明配电箱的选择应根据照明线路的回路数量，每一回路的负荷容量，并考虑留有一定的备用回路选择，可以采用国产的定型照明配电箱，也可以根据照明回路数及容量选好开关或熔断器后自制。

自制照明配电箱，应根据线路所需设备情况，作出配电箱的加工大样图。自制配电箱的配置应力求清晰、紧凑、美观，使用方便，并应有足够的强度。

照明配电箱应设置在进、出方便，便于操作维护又不阻碍正常通行和工作的地方。并应尽量靠近负荷中心。根据环境的要求，配电箱可采用明装或暗装，明装时应不妨碍人员出入和工作，暗装时在配电箱墙上的进、出线应设暗配管。

配电箱的安装高度，无分路开关的配电箱、底边距地面不小于 1.8m；带分路开关的配电箱底边距地面一般为 1.2m。

配电箱内，当有不同电流种类或不同电压等级的配电设备时，应用明显的标志加以区别；配电箱上各回路应有标牌，以标明用电回路的名称。

（2）保护设备的选择

所有照明线路均应有短路保护，且各级保护之间应有选择性。

采用有延燃性外皮层的绝缘导线（如 BV、BVR 等）的明敷线路和重要仓库、住宅和公共建筑以及有火灾危险的房间和爆炸危险的场所的线路均应装设过负荷保护。

保护设备的额定电流应大于被保护段的计算电流，并应尽量接近线路计算电流，但应躲过灯泡的启动电流。表 10-4 列出了熔断器熔体电流和自动开关整定电流的数据，表内已考虑了灯具的启动电流。

表 10-4 保护设备电流的选择

保护装置	保护装置额定电流最小值		
	荧光灯、白炽灯、卤钨灯、金属卤化物灯	高压水银荧光灯	高压钠灯
熔断器 RL1	I_e	$(1.3\sim1.7)\ I_e$	$1.5I_e$
熔断器 RC1	I_e	$(1.0\sim1.5)\ I_e$	$1.1\ I_e$
空气开关热脱扣	I_e	$1.1\ I_e$	I_e
空气开关瞬时脱扣	I_e	I_e	I_e

表中 I_e 为线路的计算电流。

对白炽灯计算电流可由下式计算：

$$I = \frac{KP_{exa} \times 1000}{U_{exa}} \quad (A)$$

或

$$I = \frac{KP_e \times 1000}{\sqrt{3}U_{ex}} \quad (A)$$

式中 P_{exa}、P_e——均匀三相和单相设备容量（kW）；

U_{exa}、U_{ex}——额定相电压和线电压（V）；

K——同时使用系数，一般取 0.95～1；

荧光灯支路的计算电流可由下式求得：

$$I = \frac{1.25 \cdot n \cdot P \cdot K}{U_e \cdot \cos\phi} \quad (A)$$

式中 P——每个灯管的容量（W）；

n——灯具数量；

U_e——额定电压（V）；

K——同时使用系数，一般为 0.95～1；

1.25——系数，考虑到附件的功率消耗；

$\cos\phi$——功率因素，有电容器补偿时为 0.95～1，无电容器补偿时为 0.55～0.6。

照明系统上的熔断器，应能保证选择性动作，一般级差 2 级。各回路上串联熔断器的数量不应多于四组。

四个以上单独回路的配电箱应有进线开关或熔断器保护；密闭门以外的口部通道照明线路应单独设置熔断器保护或单独回路，保护装置可设在密闭门以内的适当位置。

照明分支线路每一回路所保护的灯具或插座一般不应超过 15～20 个，但通道照明可不受限制。

（3）插座开关的选用和设置

人防工程内插座应选用带接地极的三孔插座或双孔插座，并应考虑到不同电压的插座应选用不同形状的插座，以示区别，防止互相插错。

当照明线路在通道顶棚内敷设时，每隔20～30m在顶棚内安装一个插座，以备临时检查用。此外在消波活门室、除尘室外附近、首长房间、生活房间、设备房间等都应装设一定数量的插座；但浴室、厕所、洗消间、蓄电池室、变压器室或其他易燃或有爆炸危险的房间不宜装设插座。

开关的安装位置应便于操作、维修。扳钮开关距地面高度一般为1.2～1.5m，距门框水平净距一般为0.15～0.3m。开关位置应与灯具位置相对应。同一室内的扳钮开关，其开、关方向应一致；成排安装的开关高度应一致。灯具、电器的控制开关均应接在相线上。

插座的安装高度，一般为距地0.3m或0.9m。设备间、卫生间等距地面不低于1.3m。

10.8 照明布置图

照明灯具是照明工程施工的依据。它是在工程的平面图或剖面图上，用图形符号单线线路表示照明灯具、开关、插座、配电箱等的型号、安装位置、设备数量以及线路敷设的路径、敷设方式方法等。各种设备的图形符号不够用时，可自行拟定适当符号，但需在图纸上注明相应的图例。如图10-4所示。

在照明布置图上为了表示设备的数量、型号规格、安装及敷设的位置、方法等，通常标注一些文字符号。例如：对照明灯具的标注采用下列形式：

$$a - b\frac{c \times d}{e}f$$

式中 a——表示灯具个数；

b——表示灯具型号；

c——每盏灯的灯泡数或灯管数；

d——灯泡的容量（W）；

e——灯具的安装高度，对壁灯指灯具中心与地的距离，对吊灯指灯具底部与地的距离；

f——灯具的安装方式，其代号有：X表示线吊式，L表示链吊式，G表示管吊式，B表示壁装式，D表示吸顶式或直付式，R表示嵌入式。

对配电线路的标注通常采用下列形式：

$$a - b(c \times d)e - f$$

式中 a——回路编号；

b——导线的型号；

c——导线根数；

d——导线截面；

e——表示线路的敷设方式；

f——表示敷设的部位。

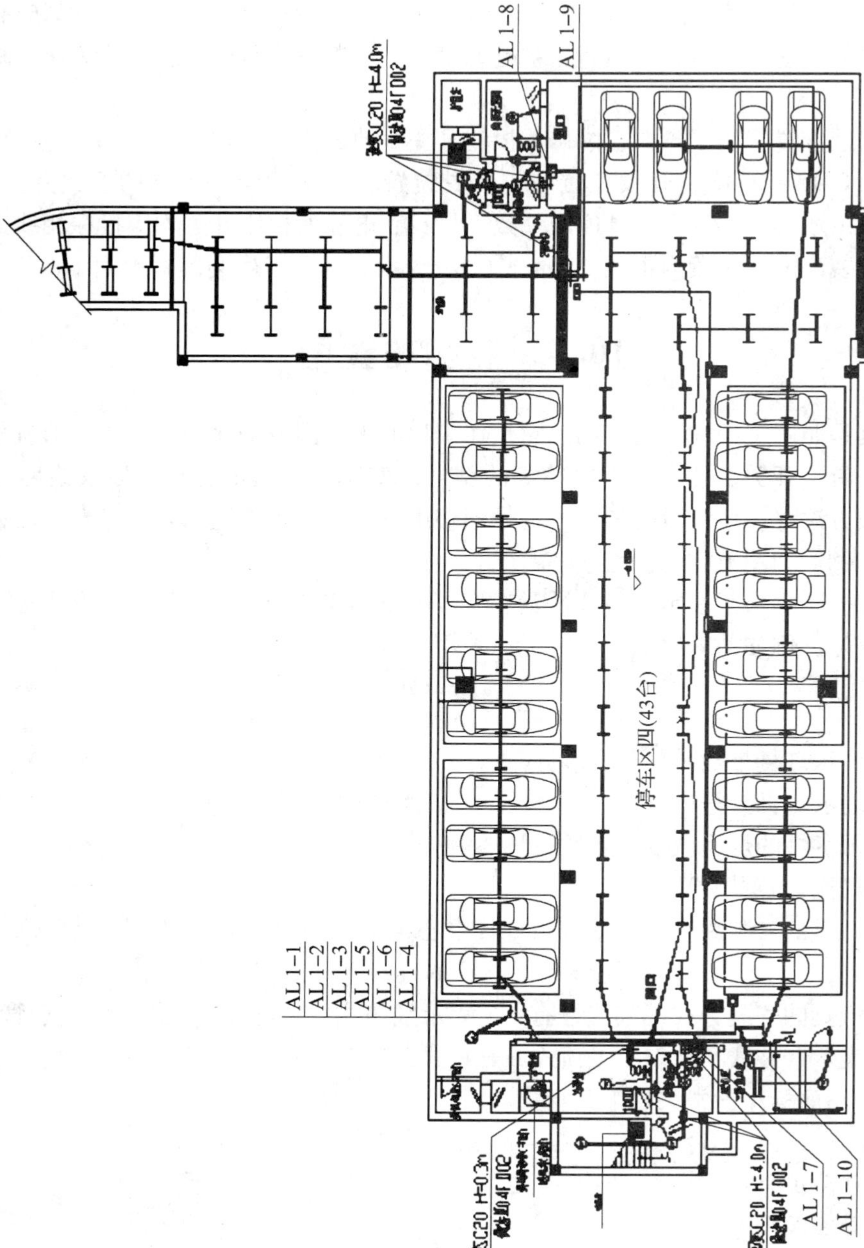

图 10-4 照明布置图

11 防雷与接地

11.1 建筑物防雷等级及其防雷措施

11.1.1 建筑物防雷等级的划分

根据防雷设计规程，工业建、构筑物的防雷等级分为三级：

第一类：凡建、构筑物中制造、使用、贮存大量爆炸物或在正常情况下，能形成爆炸性混合物，在电火花作用下引起爆炸，从而造成巨大破坏和人身伤亡者，均属第一类。

第二类：凡建、构筑物中制造、使用或贮存爆炸物质，但电火花不易引起爆炸或不致造成巨大破坏和人身伤亡者。

第三类：凡不属于第一、二类的建、构筑物，而根据当地气象、地形、地质及周围环境等因素确定需要防雷者；按雷击可能性及其后果确定需要防雷者；按下列经验公式，可能雷击数≥0.1次/年的建筑物及15~20m以上的烟囱，水塔等孤立的高耸建筑物。

计算建筑物年雷击次数的经验公式为：

$$N = 0.015nK(l + 5h)(b + 5h) \cdot 10 - 6$$

式中 n——年平均雷暴日数，根据当地气象资料确定；

K——雷击次数校正系数，一般取 $K=1$；位于旷野的孤立建筑物、建筑群中高于25m、旷野高于20m的建筑物取1.5~2；

l、b、h——建筑物的长、宽、高（m）。

民用建筑物防雷分为两类：

第一类：具有重大政治意义的建筑物，如国家重要机关办公楼、迎宾楼、国际机场等。

第二类：重要的公共建筑物按当地情况确定需要防雷以及与工业第三类情况相同者。

11.1.2 各类建、构筑物的防雷措施

（1）第一类工业建、构筑物的防雷措施

1）防直击雷：首先采用独立避雷针或架空避雷线，且要使雷击点和雷电流与被保护物保持一定的安全距离，以防止发生反击。避雷针冲击接地电阻一般不大于10Ω。当由于建筑物太高或其他原因不能装设独立避雷针时，允许采用附属于建、构筑物上的防雷装置进行保护。此时为了减少引下线上的电压降，避免反击，应采用2根以上的引下线，其间距不大于18m，并且每隔不大于12m的高度应装设均压环。设置在排放有爆炸危险气体的管道口附近的避雷针遭受雷击时，所产生的电火花应不致引起逸出爆炸性物质发生爆炸或燃烧，为此，必须使针尖与管口保持3m以上的距离。

2）防雷电感应：建筑物内所有金属物都应接到防雷电感应接地装置上（一般对于建筑物上的防直击雷接地装置、电气设备接地装置、防雷电感应接地装置均采用共用接地装置），混凝土中的钢筋都应绑扎或焊接成闭合回路，接地装置总的工程接地电阻应不大于10Ω。

3）防雷电波侵入：引入线采用不小于 30～50m 长的金属铠装电缆埋地引入，在电缆与架空线连接处应装设阀型避雷器。避雷器、电缆金属外皮和绝缘子铁脚应连在一起共同接地，其冲击接地电阻应≤10Ω。引入建筑物的架空金属管道在靠近建筑物 100m 以内，每 25m 应接地一次，其冲击接地电阻应不大于 20Ω。埋地引入的金属管道亦应与防雷电感应接地相连。

（2）第二类工业建、构筑物的防雷措施

第二类工业建、构筑物的防雷措施与第一类的主要区别是：

1）第二类防雷装置中接闪器，引下线允许直接装设在建筑物上。非金属屋面上可装设网格为 8～10m 或 6～7m 的金属网做接闪器，金属屋面则可直接用来做接闪器。当采用多根避雷针保护时，它们之间要用避雷带连接起来。允许利用钢筋混凝土柱和基础内的钢筋作为引下线和接地装置。

2）引下线至金属物之间的距离应大于或等于 0.05lx（lx 为引下线计算点到地面的长度，m）。当其间有混凝土墙或砖墙隔开时，其墙厚的等效距离可按其厚度的 5 倍计算。如果实际距离仍不能满足要求时，可将金属物与引下线相连，以防止反击。

3）在雷击率小的地区，允许采用低压架空线直接引入建筑物，但应在入口处装设防感应雷的保护，如装避雷器或将绝缘子脚接地。防雷保护接地与电气设备接地应共用，总的冲击接地电阻应不大于 5Ω。

（3）第三类工业建、构筑物的防雷措施

1）一般只需在建、构筑物易受雷击的部位装设避雷针以防直击雷。当采用避雷带时，屋面上任一点距离避雷带不应大于 10m。当有三条及以上平行避雷带时，每隔 30～40m 将平行避雷带连接起来，并要有二根以上的引下线，引下线的距离不宜大于 30m，冲击接地电阻不大于 30Ω。

2）可利用钢筋混凝土屋面板、梁、柱、基础内钢筋组成一个完整的防雷装置，也可单独利用屋面板作为接闪器，柱作为引下线，基础作为接地装置。各构件内的钢筋应绑扎或焊接，连成电气通路。当基础的总工频接地电阻不大于 5Ω 时，可不增设接地装置。

（4）第一类民用建筑的防雷措施

基本上与第二类工业建筑物采用相同措施。但此时防直击雷的接地装置的冲击接地电阻不应大于 5～10Ω。架空线引入时冲击接地电阻应不大于 30Ω。当防雷接地装置与电气设备接地装置及埋地金属管道不能相连时，其距离不应小于 2m，以防反击。

（5）第二类民用建筑物的防雷措施

基本上与第三类工业建筑物采取的措施相同。重要的公共建筑物防雷接地装置的冲击接地电阻不大于 10Ω。当防雷接地装置与电气设备接地装置不能相连时，其间距不应小于 2m。

避雷针的选择方法是根据计算所需的避雷针的高度、避雷针所在地点可能出现的最大风压、安装地点的地基强度和是否需要装有照明灯等情况由避雷针规格表中查得避雷针的针号，在图纸上标出国家标准图集代号和所选避雷针的针号即可。

避雷针安装地点的最大风压和地基强度资料可查气象和地质资料或由使用单位提供。

11.1.3 避雷器的选择

目前我国生产和使用的避雷器有阀式避雷器、管式无续流避雷器和金属氧化物避雷器等。以电工碳化硅阀片为基本元件的阀式避雷器仍是目前生产和使用最多的避雷器，分为电站用（FZ 系列、FZ2 系列、FCZ3 系列等）、配电用（FS 系列）和旋转电机用（FCD 系列）等品种。

无续流管式避雷器（GSW2），适用于 10kV 配电线路作为配电变压器，开关电器、电缆头等设备的防雷保护。其特点是灭弧性能好、通流能力大、使用寿命长、无工频续流、体积小、重量轻，但在灰沙较多地区使用，内部易受污染，造成绝缘电阻降低，而不起保护作用。

金属氧化物避雷器是以氧化锌阀片为主体的无间隙新型避雷器，具有结构简单、体积小、重量轻、通流能力大、寿命长、对大气过电压及操作过电压均起保护作用，无间隙、无续流、对多重雷击和多重内过电压其动作负荷特性极为理想。因此，目前使用很广。目前有 FY-10 型金属氧化物避雷器可作为户内或户外 6～10kV 的交流电气设备的过电压保护。

目前生产的低压避雷器有 FS 系列阀式避雷器、FYS 型低压金属氧化避雷器和 JB0 型击穿式保险器。其中 FS 系列阀式避雷器用于保护频率为 50Hz 或 60Hz、电压为 220V、380V 或 500V 的交流电气设备；FYS 型低压金属氧化物避雷器适用于配电变压器低压侧、电度表、铁路与通信部门以及各种半导体器件的过电压保护；JB0 型击穿保险器用于交流 50Hz、额定电压为 220V、380V、500V 的低压网络作户内过电压保护装置。

避雷器是根据使用场合和额定电压来选择的。

避雷器安装位置，应尽量靠近被保护设备。有高压开关柜时，通常将避雷器和电压互感器放在一起占用一个开关柜。在变压器容量不大，高压回路不多而不设高压开关柜，负荷开关或隔离开关、熔断器均装在变压器室墙上时，也可将避雷器装在变压器室墙上的适当位置。

11.1.4 建筑物防雷装置的选择

（1）接闪器

1）避雷针宜采用圆钢或焊接钢管，针长 1m 以下时，圆钢直径≥12mm；钢管直径≥20mm；针长 1～2m 时，圆钢直径≥16mm，钢管直径≥25mm；装在烟囱顶端时，圆钢直径≥20mm。

2）避雷网和避雷带宜用圆钢或扁钢，圆钢直径≥8mm，扁钢截面≥12×4mm^2；烟囱顶部的避雷环一般采用直径≥12mm 的圆钢或截面≥25×4mm^2 的扁钢。

3）避雷线一般采用镀锌钢绞线，截面≥35mm^2。

4）接闪器应镀锌或涂漆，在腐蚀性较强的场所，应适当加大截面或采取其他防腐措施。

（2）引下线

1）明装引下线一般采用直径≥8mm 的圆钢或截面≥12×4mm^2 的扁钢；装在烟囱上的引下线圆钢直径≥12mm，扁钢截面≥25×4m^2。防腐措施与接闪器相同。

2）引下线应沿建筑物外墙敷设，并经最短路径接地；因建筑艺术要求时也可暗敷，但截面要加大一级。

3）建、构筑物的金属构件（如消防梯）等可作为引下线，但所有金属部件之间均应连成电气通路。

4）采用多根引下线时，为便于测量接地电阻和检查引下线、接地线的连接状况，应在各引下线距地面1.8m处设置断接卡。

5）在易受机械损伤的地方，地面上约1.7m至地上0.3m的一段接地线应加保护。

（3）接地装置

1）垂直埋设的接地体一般采用角钢、钢管、圆钢等，水平埋设的接地体一般采用扁钢、圆钢等；圆钢直径≥10mm，扁钢截面≥$25\times4mm^2$，角钢厚度≥4mm，钢管壁厚≥3.5mm。在腐蚀性较强的土壤中，应采用镀锌等防腐措施或加大截面，接地线应与水平埋设接地体的截面相同。

2）垂直接地体的长度一般采用2.5m，为减小相邻接地体的屏蔽效应，各接地体间的距离一般为5m，当受地方限制可适当减少，但不应少于2.5m。

3）接地体埋深不小于0.7m，并应尽量远离因高温影响，使土壤电阻率升高的地方。

4）为降低跨步电压，防止击雷的接地装置距建、构筑物出入口及人行通道不应小于3m。

11.2 电气设备及特殊建、构筑物的防雷保护

6~10kV变配电室的防雷保护，根据人防工程电力设计规范的规定，当电缆进线长度在50~3000m的范围内时，一般在架空线终端杆上装设三相一组阀型避雷器，其接地应和电缆外皮相连，接地电阻值要求不大于10Ω。同时在工程内变配电室的进线侧，还需装设三相一组阀型避雷器，其接地应与变配电室接地网相连，接地电阻不大于4Ω，人防工程一般采用氧化锌避雷器，如图11-1所示。

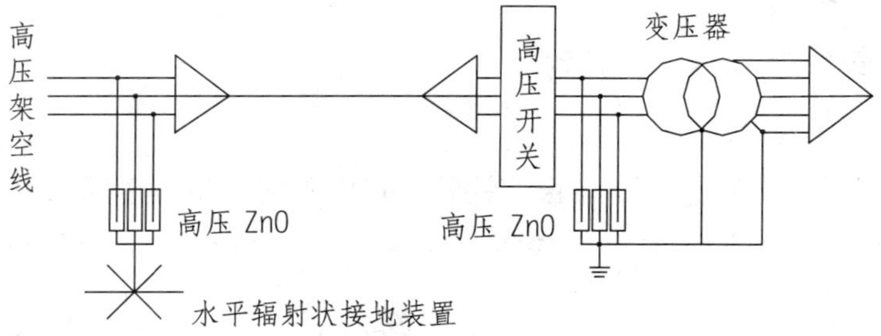

图11-1 10kV变配电室的防雷保护

11.3 接地的种类及一般要求

11.3.1 接地的种类

（1）工作接地

在电力系统中，为运行需要而进行的接地，称为工作接地，如中性点接地。与变压器或发电机直接接地的中性点连接的中线称为零线；将零线上的一点或多点与地再次做电气连接称为重复接地。

（2）保护接地

电力设备的金属外壳、钢筋混凝土电杆和金属杆塔由于绝缘损坏可能带电，为防止这种

电压危及人身安全而设置的接地称为保护接地。电力设备金属外壳等与零线连接则称为保护接零。保护接地和保护接零统称为保护接地。

（3）过电压保护接地

为了消除雷击和过电压的危险而设置的接地称为过电压保护接地。

（4）防静电接地

为了消除在生产过程中产生的静电而采取的接地称为防静电接地。

（5）屏蔽接地

为了防止电磁感应而对电气设备的金属外壳、屏蔽罩、屏蔽线的外皮或建筑物金属屏蔽体等进行的接地称为屏蔽接地。

11.3.2 电力设备接地的一般要求

1）为保证人身和设备的安全，电力设备宜接地或接零。

2）不同用途和不同电压的电气设备，除另有规定外，应使用一个总的接地体，接地电阻应符合其中最小值的要求。

3）如因条件限制做接地有困难时，允许设置操作和维护电力设备用的绝缘台。绝缘台的周围，应尽量使操作人员没有偶然触及外物的可能。

4）低压电力网的中性点可直接接地或不接地。380/220V 低压电力网的中性点一般直接接地。

5）中性点直接接地的低压电力网，应装设能迅速自动切除接地短路故障的保护装置。

6）中性点直接接地的低压电力网中，电力设备的外壳宜采用接零保护。由同一发电机、同一变压器或同一段母线供电的低压线路，不宜同时采用接零，接地两种保护方式。

7）在中性点直接接地的低压电力网中，除另有规定的移动式设备外，零线应在电源处接地。

在架空线路的干线和分支线的终端及沿线每 1km 处，零线应重复接地。电缆和架空线在引入车间或大型建筑物处，零线应重复接地（距接地点不超过 5.0m 者除外），或在屋内将零线与配电屏、控制屏的接地装置相连。高低压线路共杆架设时，在共杆架设的两端杆上，低压线路的零线应重复接地。

中性点直接接地的低压电力网中以及高、低压共杆的电力网中，钢筋混凝土杆的铁横担和金属杆应与零线相连，钢筋混凝土杆的钢筋宜与零线连接。

11.3.3 保护接地的范围

1）电力设备的下列金属部分，除另有规定者外，均应接地或接零：①变压器、电机、电器、携带式及移动式用电器等的底座和外壳；②电力设备传动装置；③互感器的二次绕组；④配电屏、控制屏的框架；⑤屋内外配电接置的金属架构和钢筋混凝土架构，以及靠近带电部分的金属围栏和金属门；⑥电力电缆接线盒、终端盒的外壳和电缆的外皮、穿线钢管等；⑦装有避雷线的电力线路杆塔；⑧在非沥青地面的居民区内，无避雷线小接地短路电流架空电力线路的金属杆塔和钢筋混凝土杆塔；⑨装在配电线路杆上的开关设备、电容器等电力设备；⑩铠装控制电缆的外皮、非铠装或非金属护套电缆的 1～2 根屏蔽芯线。

2）电力设备的下列金属部分，可不接地或不接零：①在有不良导电地面的干燥房间内，交流380V以下、直流440V以下的电力设备外壳，但当维护人员可能同时触及电力设备外壳和接地物件时以及爆炸危险场所除外；②在干燥、无爆炸危险场所，交流在127V及以下、直流110V以下的电力设备外壳；③安装在配电屏、控制屏和配电装置上的电气测量仪表、继电器和其他低压电器等的外壳，以及当发生绝缘损坏，在支持物上不会引起危险电压的绝缘子金属底座等；④安装在已接地的金属架构上的设备，但爆炸危险场所除外；⑤额定电压220V及以下的蓄电池室内的支架；⑥与已接地的机床底座之间有可靠电气接触的电动机和电器的外壳，但爆炸危险场所除外；⑦由工业企业区域内引出的铁路轨道。

11.3.4 接地电阻的最大允许值

电力设备接地装置的接地电阻应不超过表11-1所列的最大允许值。

表11-1 电力设备接地装置接地电阻的最大允许值

接地装置名称	接地电阻最大允许值（Ω）
3～10kV变配电所高低压共用接地装置	4
低压电力设备接地装置	4①
单台容量≤100kV·A或并列运行总容量≤100kV·A的变压器、发电机等设备的共用接地装置	10①
3～10kV线路在居民区的钢筋混凝土杆的接地装置	30
配电线路零线每一重复接地装置	10②

注：①在采用接零保护的低压电力网中，指变压器的接地电阻，用电设备只接零，不做接地。

②在电力设备接地装置的接地电阻允许达到10Ω的低压电力网中，每一重复接地装置的接地电阻不应超过30Ω，但重复接地不应少于3处。

11.4 接地装置

接地装置由接地体和接地线组成。人防工程接地布置如图11-2所示。

11.4.1 接地体

为达到接地目的，人为地埋入地中直接与大地接触的金属导体组，称为人工接地体；兼作接地体用的直接与大地接触的各种金属构件、钢筋混凝土建筑、构筑物的基础、金属管道等设备成为自然接地体。

1）交流电力设备应充分利用自然接地体接地。

2）利用自然接地体和外引接地装置，应用不少于两根导体在不同地点和人工接地体相连（但对电力线路除外）。

3）直流电力回路，不应利用自然接地体作为电流回路的零线、接地线或接地体。直流电力回路专用的中性线、接地体及接地线也不应与自然接地体相连。

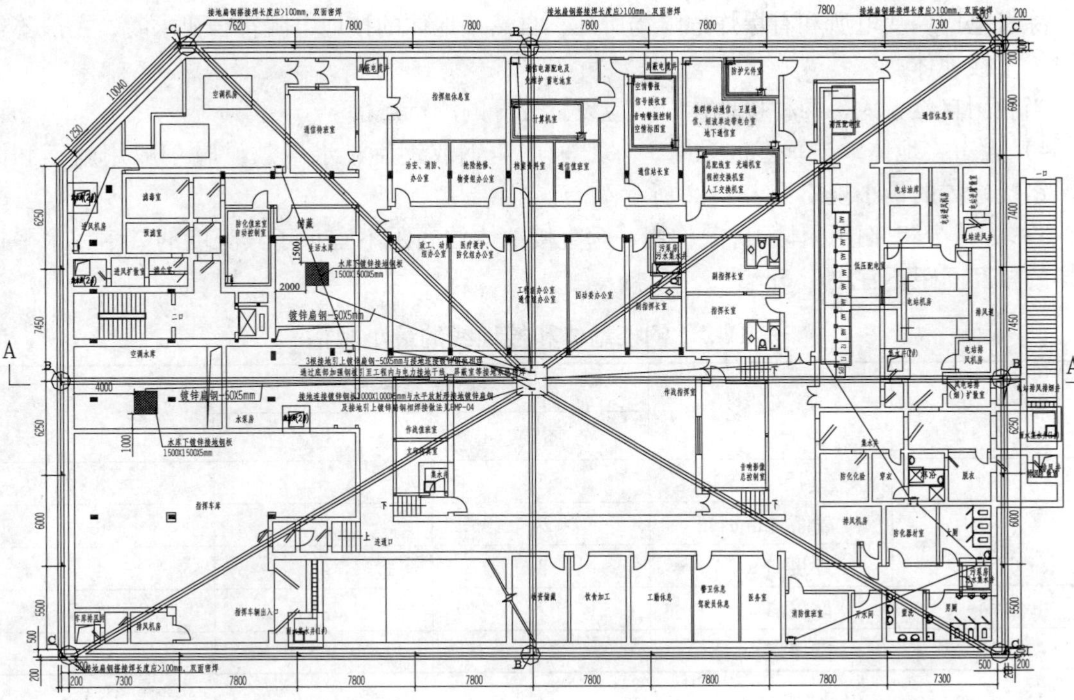

(a)接地干线平面图

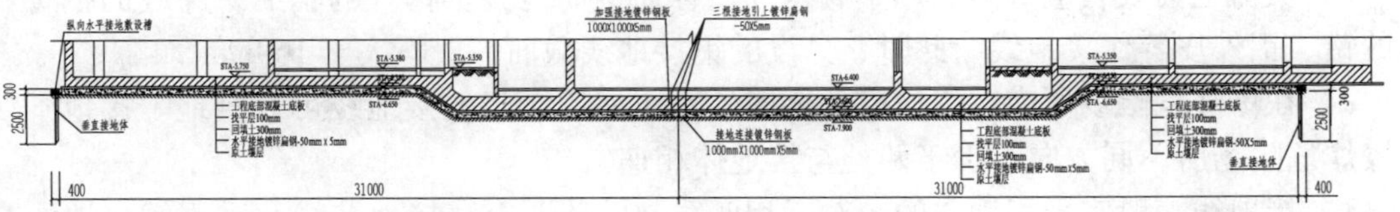

(b)1-1剖面图

说明：

1. 水平放射形接地装置做在工程底部以下（找平层以下）300mm 处沿水平接地镀锌扁钢轴线挖换土槽（$b \times h = 400 \times 300$mm），设置水平接地扁钢，在扁钢上回填 300mm 园田土，夯实，以上为 100mm 找平层和工程底板。

2. 节点 A、B、C 及接地引上镀锌扁钢等做法参见 EMP-04；

3. 接地扁钢搭接焊长度应 > 100mm，双面密焊，若“T”接，则应三面密焊；

4. 所有的柱子至少两根钢筋应与工程顶板的上层钢筋网及底板下层钢筋网焊接；

5. 整个工程的侧墙结构钢筋网应形成一个六面体笼形结构；

6. 所有通长筋接头必须焊接，不得绑扎；

7. 所有钢筋的端部与其搭接的水平或垂直棱筋必须焊接，以构成一个个纵向、横向的封闭环路；

8. 两层钢筋网层间的拉筋与钢筋网之间不能焊接，只能绑扎；

9. 底板外层钢筋通过加强钢板与接地引上扁钢焊接；

10. 应避免与结构钢筋网无电气连接的钢筋、钢管或其他金属导体贯穿结构钢筋网；

11. 所有扁钢焊接点处必须用煤油沥青做防锈处理，而不能用涂漆做防锈处理；

12. 在屏蔽房间角下部预留两个高出地坪 200mm 接地扁钢头使用 $\phi16$ 螺栓与屏蔽室壳体连接，其他需接地的部位预留一个高出地坪 150mm 接地端子板（[symbol]）ME（R）-A，接地端子板做法参见《等电位联结安装》02D501-2 图集。

图 11-2 人防工程接地布置图

除发电厂，变电所和有爆炸危险场所外，自然接地体的接地电阻符合要求时，一般不需敷设人工接地体。

当利用自然、人工两种接地体时，应设置分开的测量点。

4）人工接地体，当垂直敷设时，一般采用角钢或钢管；水平敷设时一般用扁钢和圆钢。钢接地体的最小规格见表11-2所示。

5）为减少相邻接地体的屏蔽作用，垂直接地体的间距不宜小于其长度的2倍；水平接地体的相互间距不宜小于5m。

表11-2 钢接地体和接地线的最小规格

种类	规格	地上		地下
		屋内	屋外	
圆钢	直径（mm）	5	6	8
扁钢	截面（mm^2）	24	48	48
	厚度（mm）	3	4	4
角钢	厚度（mm）	2	2.5	4
钢管	壁厚（mm）	2.5	2.5	3.5

11.4.2 接地线

电力设备或杆塔的接地螺栓与接地体或零线连接用的金属导体、称为接地线。

1）交流电力设备应尽量利用金属构件、普通钢筋混凝土构件的钢筋，穿线的钢管和电缆的铅、铝外皮等作接地线。此时、另设的钢接地线截面一般不大于160mm^2。

2）在爆炸危险场所内电气设备的金属外壳应使用专门的接地线可靠接地。接地干线宜在爆炸危险场所不同方向不少于两处与接地体相连。

3）接地线一般宜采用钢质的。对三相四线制的照明电缆接地芯线及采用钢接地线有困难时，可以采用铜或铝作接地线。但其截面积不应小于表11-3所列数据。

表11-3 低压电力设备铜、铝接地线的最小截面（mm^2）

接地线种类	铜	铝
明设的裸导线	4	6
绝缘导线	1.5	2.5
电缆或具有公共外皮的多芯导线的接地芯线	1	1.5

4）中性点直接接地的低压电力设备的专用接地线或零线宜与相线一起敷设。

5）中性点直接接地的低压电力设备，接地线和零线的截面应保证使低压电力网发生单相接地短路时，任一点的最小短路电流不小于最近处熔断器熔体额定电流的4倍或自动空气开关瞬时动作电流的1.5倍。

6）接地线连接处应采用焊接，如果用螺栓连接时，应采用可靠的防锈措施。

7）直接接地或经消弧线圈接地的主变压器和发电机的中性点与接地体或接地干线应采用单独的接地线进行连接。

8）每个电力设备应以单独的接地线与接地干线相连，严禁在一条接地线上串接几个需要接地的设备。

11.5 接地电阻的计算

一般情况下，需要计算接地装置的工频接地电阻（简称接地电阻），对于防雷、过电压保护的接地装置，则需要计算其冲击接地电阻。

11.5.1 土壤电阻率

在计算接地体的接地电阻时，应预先实测土壤的电阻率。如无实测资料时，也可采用表11-4所列数据。

表 11-4 各种性质的土壤电阻率

土壤名称	含水量（容量）（%）	土壤电阻率（Ω·cm）	
		变化范围	推荐数据
黏土+石灰+碎石		12~6000	1×10^{3}
泥煤		2000	2×10^{3}
黑土	20	600~7000	3×10^{3}
园地	20	4000~6000	5×10^{2}
黏土	20~40	3000~10000	6×10^{3}
砂质黏土	20	3000~26000	1×10^{4}
黄土		25000	2.5×10^{4}
砂土	10	20000~40000	3×10^{4}
湿砂	10	10000~100000	5×10^{4}
碎石，卵石			2×10^{5}
干砂			2.5×10^{5}
夹石土壤			4×10^{5}
石板			1.1×10^{10}
花岗岩，石灰岩，石英岩			1.1×10^{11}
海水		100~500	3×10^{2}
湖水或地下水		4000~5000	5×10^{3}
溪水		2000~7000	7×10^{3}
河水		5000~10000	1×10^{4}
捣碎的木炭			0.4×10^{4}
混凝土（在潮湿土壤中）			$0.75\sim1\times10^{4}$
混凝土（在中等潮湿土壤中）			$1\sim2\times10^{4}$
混凝土（在干土壤中）			$2\sim4\times10^{4}$
表面土夹石，下层石子	15	39000~82000	6×10^{4}
上层红色风化黏土下层红页岩	30		5×10^{4}
表面10~20cm黏土，下层坚石或砂岩	25	10000~15000	1.25×10^{4}

11.5.2 自然接地体的接地电阻

1）直埋铠装电缆金属外皮的接地电阻，见表11-5。

表11-5 直埋铠装电缆金属外皮的接地电阻值

电缆长度（m）	20	50	100	150
接地电阻（Ω）	22	9	4.5	3

表中为土壤电阻率$\rho=100\Omega\cdot m$，3～10kV，3×（70～185）mm^2、埋深为0.7m时的数据，当土壤电阻率不是$\rho=100\Omega\cdot m$时，表中电阻率应乘以换算系数。

$\rho=50\Omega\cdot m$时，换算系数为0.7，

$\rho=250\Omega\cdot m$时，换算系数为1.65，

$\rho=500\Omega\cdot m$时，换算系数为2.35。

当n根截面相近的电缆埋设在同一壕沟中时，如单根电缆的接地电阻为R_0，则总接地电阻为$R_0/\sqrt{n}$。

2）直埋金属水管的接地电阻如表11-6所示，表中阻值是在土壤电阻率$\rho=100\Omega\cdot m$，埋深为0.7m的条件下的数据。

表11-6 直埋金属水管的接地电阻值（Ω）

长　度（m）		20	50	100	150
公称直径	25～50（mm）	7.5	3.6	2	1.4
	70～100（mm）	7.0	3.4	1.9	1.4

3）钢筋混凝土电杆接地电阻可按表11-7所列数据估算。

表11-7 钢筋混凝土电杆接地电阻估算值

接地装置形式	杆塔型式	接地电阻（Ω）
钢筋混凝土电杆的自然接地体	单杆	0.3ρ
	双杆	0.2ρ
	拉线单、双杆	0.1ρ
	一个拉线盘	0.28ρ
n根水平射线（$n\leqslant12$，每根长约为60m）	各型杆塔	$\frac{0.062\rho}{n+1.2}$

11.5.3 基础接地的电阻

利用建筑物基础中的金属结构作为接地体，称为基础接地体。它具有节省金属、减少土方及回填土的工作量、使用寿命长、维护工作量小等特点。但利用钢筋混凝土构件和基础内钢筋作为接地体时，构件和基础内钢筋的接地点绑扎或焊接，各构件和基础之间必须连接成电气通路，进出钢筋混凝土构件的导体与其内部的钢筋体的第一个连接点必须焊接，且还需与其主筋焊接。

1）垂直圆柱形钢筋混凝土接地体的接地电阻。在均质土壤中的接地电阻可由下式计算：

$$R=\frac{1}{2\pi}\left(\frac{\rho_1}{K_1}\ln\frac{4l}{d}+\frac{\rho-\rho_1}{K_2}\ln\frac{4l}{d_1}\right)\quad(\Omega)$$

式中 ρ——土壤电阻率（Ω·m）；

ρ_1——混凝土电阻率（Ω·m）；

d_1——圆柱形混凝土体的直径（m）；

d——接地体（圆柱形混凝土体内钢筋体）的直径（m）；

l——接地体埋设在地面下的长度（m）；

K_1、K_2——接地体和混凝土体计算系数，可分别根据 $d/2l$ 和 $dl/2l$ 由表 11-8 查出。

表 11-8 接地体和钢筋混凝土体计算系数 K_1、K_2 值

K_1	0.1	0.2	0.3	0.4	0.5	0.6	0.7	0.8
K_2	1	0.98	0.95	0.9	0.82	0.74	0.65	0.55

在两层不同土壤中的接地电阻，可将接地体分成两个假定单元接地体，分别计算其接地电阻 R_1、R_2，总接地电阻即为两假想单元接地体接地电阻的并联电阻，即：

$$R=\frac{R_1R_2}{R_1+R_2}\quad(\Omega)$$

$$R_1=\frac{1}{2\pi l_1}\left[\rho_1\ln\frac{4l}{d}+(\rho-\rho_1)\ln\frac{4l}{d}\right]\quad(\Omega)$$

$$R_2=\frac{1}{2\pi(l-l_1)}\left[\rho_2\ln\frac{4l}{d}+(\rho_2-\rho_3)\ln\frac{4l}{d_1}\right]\quad(\Omega)$$

式中 R_1、R_2——第一、第二假想单元接地体的电阻（Ω）；

ρ、ρ_3——上、下两层土壤的电阻率（Ω·m）；

ρ_1、ρ_2——埋设在上、下层土壤中的混凝土的电阻率（Ω·m）；

l_1——上层土壤的厚度（m）；

d_1——圆柱形混凝土体的直径（m）；

d——接地体的直径（m）；

l——接地体埋入地下的深度（m）。

2）水平敷设的圆柱形钢筋混凝土接地体的接地电阻可由下式计算：

$$R=\frac{\rho_1}{2\pi l}\ln\frac{d_1}{d}+\frac{\rho}{2\pi l}\ln\frac{l^2}{d_1h}\quad(\Omega)$$

式中 h——水平接地体的埋深（m）。

其他符号与上式同。

11.5.4 人工接地体电阻

1）垂直接地体的接地电阻，当 $l\geqslant d$ 时，可由下式计算：

$$R=\frac{\rho}{2\pi l}\ln\frac{4l}{d}\quad(\Omega)$$

式中 ρ——土壤的电阻率（Ω·m）；

l——接地体长度（m）；

d——接地体的直径或等效直径。

2）水平接地体的接地电阻，可由下式计算：

$$R = \frac{\rho}{2\pi l}\left(\ln\frac{l^2}{h \cdot d} + A\right) \quad (\Omega)$$

式中 l——接地体的长度（m）；

H——水平接地体埋深（m）；

d——接地体直径或等效直径；

A——形状系数。

3）复合接地体的接地电阻。

以水平接地体为主且边缘闭合的复合接地体的接地电阻为：

$$R = \frac{\sqrt{\pi}}{4} \cdot \frac{\rho}{\sqrt{S}} + \frac{\rho}{2\pi l}\ln\frac{l^2}{1.6hd \times 10^4} \quad (\Omega)$$

式中 S——接地网的总面积（m^2）；

l——接地体的长度（包括垂直接地体在内）（m）；

d——水平接地体的直径或等效直径（m）；

h——水平接地体的埋深（m）。

4）人工接地体电阻的简易计算公式见表11-9。

表11-9 人工接地体电阻的简易计算公式见表

接地体形式	简易计算公式	备 注
垂直式	$R \approx 0.3\rho$	长度为3m左右的接地体
单根水平式	$R \approx 0.03\rho$	长度为60m的接地体
复合式	$R \approx 0.5\frac{\rho}{\sqrt{S}} = 0.28\frac{\rho}{S}$或 $R \approx \frac{\pi\rho}{4\sqrt{S}} + \frac{\rho}{l} = \frac{\rho}{4r} + \frac{\rho}{l}$	1. S大于$100m^2$的闭合接地网； 2. r为与接地网面积等值的圆的半径（m）； 3. l为包括垂直接地体长度（m）。

11.5.5 冲击接地电阻

求出接地体接地电阻（R，即工频接地电阻）后，即可根据表11-10列出的工频接地电阻R与冲击接地电阻R_{ch}的比值R/R_{ch}求出其冲击接地电阻R_{ch}。

表11-10 R/R_{ch}比值

各种形式接地体中接地点至接地体最远的长度（m）	土壤电阻率ρ（Ω·m）			
	≤100	500	1000	≥2000
20	1	1.5	2	3
40	—	1.25	1.9	2.9
60	—	—	1.6	2.6
80	—	—	—	2.3

11.6 高电阻率地区降低接地电阻的措施

坑道式人防工程大都构筑在高山上，土壤电阻率较高，按照平原地区一样制作接地装置有时达不到要求，通常可以采取以下措施。

1）换土法：在接地体 0.5m 的范围内，管长 1/2 处，用电阻率低的黏土和黑土替换电阻率高的土壤。

2）深埋接地极，这种方法对含砂土壤最为有效。因为在含砂土壤中，含沙层一般都在表面层，在底层深处土壤电阻率较低。根据测定结果：如果在 3m 深处电阻率为 100%，则在 4m 深处为 75%，5m 处为 60%，6.5m 处为 50%，9m 处为 20%，可见在这类土壤中深埋法的作用很大。不过采用这种方法，用人工接地体是非常困难的，必须采用振动器等机械才能达到目的。在有些岩石地区，如果岩石下面有电阻率较低的土壤，可用钻孔机在岩石上钻洞，再穿过洞打入接地体。采用深埋法一定要根据深处土壤电阻率是否较低和是否有机械化施工条件来确定。

3）保水设施，把接地极埋在被阳面或较潮湿的地方，也可在接地极的地面上种植植物保持水分，还可将排水（无腐蚀）引向接地极的地方，保持接地极附近潮湿。

4）化学处理。此法是在不得已时使用，其特点是降低接地电阻显著；但化学物品易随水流失或渗入地下，使接地电阻不稳定；而且对接地极和其连接线有腐蚀作用，所以，使其寿命短。例如：在接地极周围的土壤中加入煤渣、木炭、炭黑、炉灰等使接地极周围土壤电阻率降低。如果将氯化钙、食盐、硫酸铜等溶液浸渍接地体周围的土壤，对降低电阻率更明显。

如工程在黄泥加卵石地区，挖三个直径 1m、深 3m 的垂直洞、间距 5m，门洞放一根 ϕ50 钢管或 50mm×50mm×5mm 角钢，洞内迁入肥泥、木炭、食盐、木屑的混合物，夯实盖土，能保持接地电阻 5Ω 以下，且腐蚀性小，比较稳定。用化学物品切忌用强酸强碱。一般用食盐较宜，因为使用食盐来源方便，价格便宜，效果明显。若用食盐，食盐在混合物中约占 5% 即可。

用化学处理的接地装置，因稳定性好，寿命较短，要适当维护和周期性的恢复。

采用降阻剂的接地做法如图 11-3 所示。

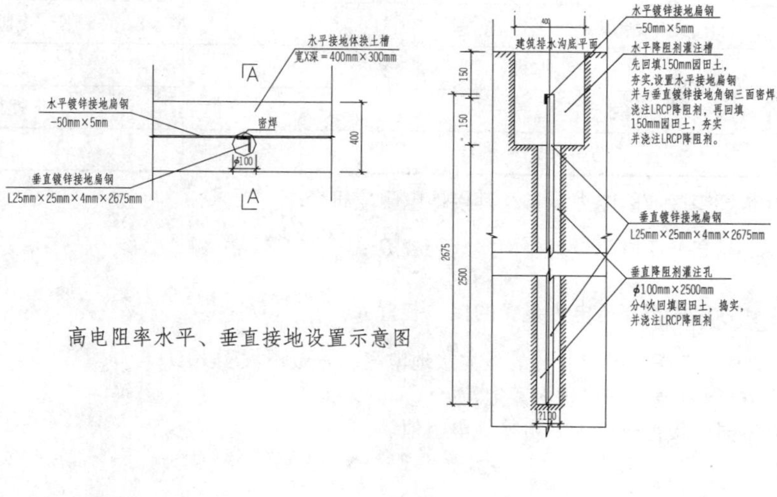

高电阻率水平、垂直接地设置示意图

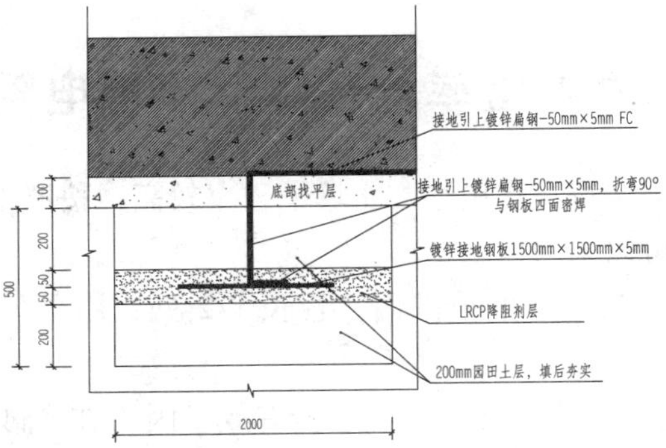

水库下接地钢板焊接示意图

图 11-3　降阻剂的接地做法

11.7　人防工程接地的要求和设施

11.7.1　人防工程接地的要求

1）人防工程中动力系统接地一般与通信接地系统分开，广播工程发射机械接地系统可考虑和动力系统接地公用一个接地系统。一般坑道工程动力系统接地总电阻要求不大于4Ω；通信设备系统和广播接地系统，接地电阻允许值由使用单位确定。

2）400/230V 三线四线制发电机和变压器的中性点应作直接工作接地。电气设备的正常不带电的金属部分应作接零保护。外电源进线的阀型避雷器应作过电压保护接地。

3）35kV 及以下电力设备的工作接地，保护接地和过电压保护接地，宜设置一个总的接地装置。

4）外电源进线终端杆处的阀型避雷器除通过电缆金属外皮和总的接地装置相连外，还应在其附近设置集中接地装置；金属油罐和油管应单独设置防静电接地装置。

5）各种电力设备接地装置的接地电阻应符合表 11-11 的要求。

表 11-11　电力设备接地装置的接地电阻值

接地装置的使用场所		接地电阻值（Ω）
发电机或变压器	总容量＞100kV·A	＜4
	总容量≤100kV·A	＜10
无电源设备的用电工程		＜10①
35kV 变电所		＜10②
阀型避雷器		＜10
防静电		＜30

注：①中性点非直接接地的电力设备，其接地电阻应符合下列要求：

高低压电力设备公用接地装置 $R \leqslant \dfrac{120}{I}$（Ω）

仅用于高压电力设备的接地装置 $R \leqslant \dfrac{250}{I}$（Ω）

式中　R——考虑到季节变化的最大接地电阻，一般不大于10Ω；

I——计算用的接地短路电流（A）。

②阀型避雷器的接地电阻为冲击接地电阻值。

11.7.2 人防工程接地设施

接地装置应首先利用与大地有可靠连接的自然接地体，例如：工程头部、接地被覆（只有头部和接地处被覆钢筋混凝土，其他部分的被覆一般为素混凝土）和掘开式工事的钢筋网。同时，在工程内排水沟、集水池、渗水地段中设置接地极。当上述措施接地电阻达不到要求时，还可在水库放置镀锌钢板接地极和在口外设人工接地极。

利用头部接头被覆钢筋网作接地体时，应根据土建专业设计的钢筋编扎图选择一些主要点将钢筋焊接，使其相互构成电的通路，并选择几根主筋要求露在被覆外，与接地干线焊接。

在集水池、排水沟以及渗水地段作人工接地时，一般将 500mm × 500mm 的镀锌钢板预埋在被覆外。预埋前与 40mm ×4mm 的扁钢焊接，在被覆外留出接头。

在水库里作人工接地极时，将 500mm × 500mm 的镀锌钢板焊上 40mm × 4mm 的扁钢，将钢板平放在水库底，扁钢引出水库作为接头与接地干线连接。

工程内接地电阻的计算是非常困难的。因为四周多是岩石，电阻率难以确定，利用钢筋网作为自然接地体时，其电阻和混凝土的电阻率也有关，与钢筋的结构、数量、混凝土层厚度、混凝土与毛洞之间的回填情况、潮湿程度等等复杂的因素有关，所以，一般在设计时也不估算其电阻值。待工程施工完毕测其接地电阻，达不到要求时再在水库做人工接地极或在口外做人工接地极。

角钢接地体一般采用 40mm ×40mm ×4mm 或 50mm ×50mm ×5mm，长 2.5m 的角钢作接地体，端部削尖。顶部采用 40mm ×4mm 扁钢或 ϕ16 圆钢相连。

管形接地体一般采用 ϕ50，长 2.5m 的钢管，一端敲扁。

凡安装在有腐蚀性土壤中的人工接地体均需镀锌。

接地干线一般采用 40mm ×40mm ×4mm 的扁钢，支线采用 25mm ×4mm 扁钢。接地体均应涂以沥青漆或其他保护层。接地线与电缆或电线交叉时，其间距不应小于 25mm。沿墙敷设的接地线，应留有距墙 10mm 的距离。接地线过墙时应加钢管保护，钢管伸出墙面 10mm，管内先填黄沙，然后在两端用沥青封口。接地线连接一般采用对焊；与设备一般采用焊接或螺栓连接。

11.8 电磁屏蔽

在通信工程中，为了防止外来电磁波对接收机的干扰，需将接收机采取电磁屏蔽措施；为了防止发射机对其他通信设备的干扰，又需将发射机采取电磁屏蔽措施。

11.8.1 电磁屏蔽措施

根据电磁场理论，电磁波在高导电率与高导磁率的介质中传播时衰减的最快。所以电磁屏蔽的措施主要是采用金属材料将要求屏蔽的设备罩起来，并将屏蔽罩接地。铜的电导率高，而磁导率低；铁的电导率较低，但磁导率高，因此究竟采用哪种材料作屏蔽罩要根据具体情况和要求来决定。

平面电磁波在导电媒介中传播，其幅值可表示如下：

$$H_m = A_1 e^{-\sqrt{\frac{1}{2}\omega\mu\gamma}x}$$

$$E_m = A_3 e^{-\sqrt{\frac{1}{2}\omega\mu\gamma x}}$$

式中 H_m、E_m——分别为磁场强度和电场强度的幅值；

$\omega = 2\pi f$——电磁波的磁导率；

μ——导电媒质的磁导率；

γ——为导电媒质的电导率；

x——为电磁波在导电媒质中的传播距离。

若经过屏蔽后，要求电磁波强度衰减 C 分贝，即：

$$20\ \lg \cdot \frac{A_1}{A_1 \cdot e^{-\sqrt{\frac{1}{2}\omega\mu\gamma \cdot x}}} = C$$

简化后：

$$x\sqrt{\frac{1}{2}\omega\mu\gamma} \cdot \lg e = \frac{C}{20}$$

于是

$$x = \frac{C}{20 \cdot \lg e \cdot \sqrt{\frac{1}{2}\omega\mu\gamma}}$$

$$= \frac{0.115 \cdot C}{\sqrt{\frac{1}{2}\omega\mu\gamma}} \quad (\text{m})$$

式中，当采用实用单位制时，电导率 γ 的单位为［1/（Ω·m）］，磁导率的单位为 H/m（亨/米），则 x 的单位为 m。

由式中可以看出，当所要求衰减的分贝数 C 一定时，所需屏蔽材料的厚度 x 除与材料的电导率、磁导率有关外，还与电磁波的频率有关，频率越高，所需屏蔽材料的厚度越小，即越容易屏蔽。

【例1】 频率为 10^5Hz 的电磁波，经屏蔽后，如果要把它削减 100dB，试计算用铜和铁作屏蔽材料时所需的厚度。（铜的电导率为 5.3×10^7S/m，磁导率近似等于真空中的磁导率 $\mu_0 = 4\pi \cdot 10^{-7}$H/m；铁的电导率为铜的 1/10，即 0.53×10^7S/m，磁导率为铜的 1000 倍，为 $4\pi \cdot 10^{-4}$H/m）。

解： 应用前面的计算公式：

对铜：

$$x = \frac{0.115 \cdot 100}{\sqrt{\pi \cdot 10^5 \cdot 4\pi \cdot 10^{-7} \cdot 5.3 \cdot 10^7}}$$

$$= 0.0025\text{m} = 2.5\text{mm}$$

对铁：

$$x = \frac{0.115 \cdot 100}{\sqrt{\pi \cdot 10^5 \cdot 4\pi \cdot 10^{-4} \cdot 0.53 \cdot 10^7}}$$

$$= 0.00025\text{m} = 0.25\text{mm}$$

即用铜作屏蔽材料，需 2.5mm 厚的铜板。若用铁，则只需 0.25mm 厚的铁皮。在此情况下，应该用铁而不用铜。

【例2】 上题中其他条件不变，若电磁波频率为 100MHz（即 10^8Hz），试计算铜和铁的厚度。

解： 对铜：

$$x = \frac{0.115 \cdot 100}{\sqrt{\pi \cdot 10^8 \cdot 4\pi \cdot 10^{-7} \cdot 5.3 \cdot 10^7}}$$
$$= 0.08 \times 10^{-3}\text{m} = 0.08\text{mm}$$

对铁：

$$x = \frac{0.115 \cdot 100}{\sqrt{\pi \cdot 10^8 \cdot 4\pi \cdot 10^{-4} \cdot 0.53 \cdot 10^7}}$$
$$= 0.008 \times 10^{-3}\text{m} = 0.008\text{mm}$$

此时只需 0.08mm 厚的铜皮就可以将电磁波削减 100dB。用铁作屏蔽材料时，只需 0.008mm 即可。

对于高频电磁波的屏蔽，一般采用铜丝网。

某厂家生产的 P-22 型双层金属网可拆卸屏蔽室，所用材料为直径 0.375mm 的铜丝纺织成每寸 22 个网孔的铜丝网。将双层铜丝网距 25mm 嵌在类似纱窗的木框内，每框宽 0.8m、高 2.2m。组合成屏蔽室的尺寸为：

$0.8N \times 2.4 \times 2.2$（m）（长×宽×高），$N$ 为任意整数。

根据用户需要，只要订货时提出要求，还可生产 3.2m、4.8m、高 2.6m、3.0m 的屏蔽室，屏蔽室的门高 2m、宽 0.85m。除了四壁和顶棚有屏蔽栅外，地上也有屏蔽栅。

屏蔽室性能：当频率在 150kHz ~ 5000Hz 范围内时，其屏蔽效能不低于 80 ~ 100dB。

注意事项：

凡引进屏蔽室内的电源，必须经过滤波措施。本屏蔽室附带二个 DL-15 型电源滤波器，工作电压 220V 及其以下均可用，额定负载电流 15A。工作频率在 150kHz ~ 10000MHz 范围内，与屏蔽室可配套使用。

通信机房屏蔽室内照明可用白炽灯，不能用荧光灯，以免产生射频干扰。

高频屏蔽本身无接地要求，但为了人身安全，屏蔽室应单点接地。

11.8.2 屏蔽接地体

(1) 静电屏蔽接地

为了把屏蔽体上的感应信号直接接入地中，同时减少分布电容的寄生耦合，静电屏蔽体接地必须良好，接地电阻不应大于 4Ω，接地引线要短、直、宽。

(2) 电磁屏蔽体接地

为了减少电磁干扰和静电耦合，也为了人身安全，接地电阻一般为 4Ω。

(3) 磁屏蔽接地体

为了防止形成环路产生环流而增加磁干扰，设计时主要在考虑接地点的位置时，避免接地环路电流的产生。接地电阻一般为 4Ω。

(4) 屏蔽体的接地点

当电源线经滤波器进入屏蔽室时，就在进线口处一点接地。

(5) 屏蔽电缆的接地点

屏蔽电缆在屏蔽体入口处屏蔽层应接地。若用屏蔽线或屏蔽电缆接仪器时，屏蔽层应有一点接地或多点接地。屏蔽的双绞线，同轴电缆在工作频率小于 1MHz 时，屏蔽层采用单端接地，以防止电磁干扰。当频率大于 1MHz 时，同轴电缆的屏蔽层宜用两端接地。

12 人防工程电气设计实例

12.1 人防地下室电气设计实例

如图 12-1 所示，本工程平时为地下车库，战时为六等人员掩蔽部。三种通风方式考虑为智能箱控制系统，电动阀门。

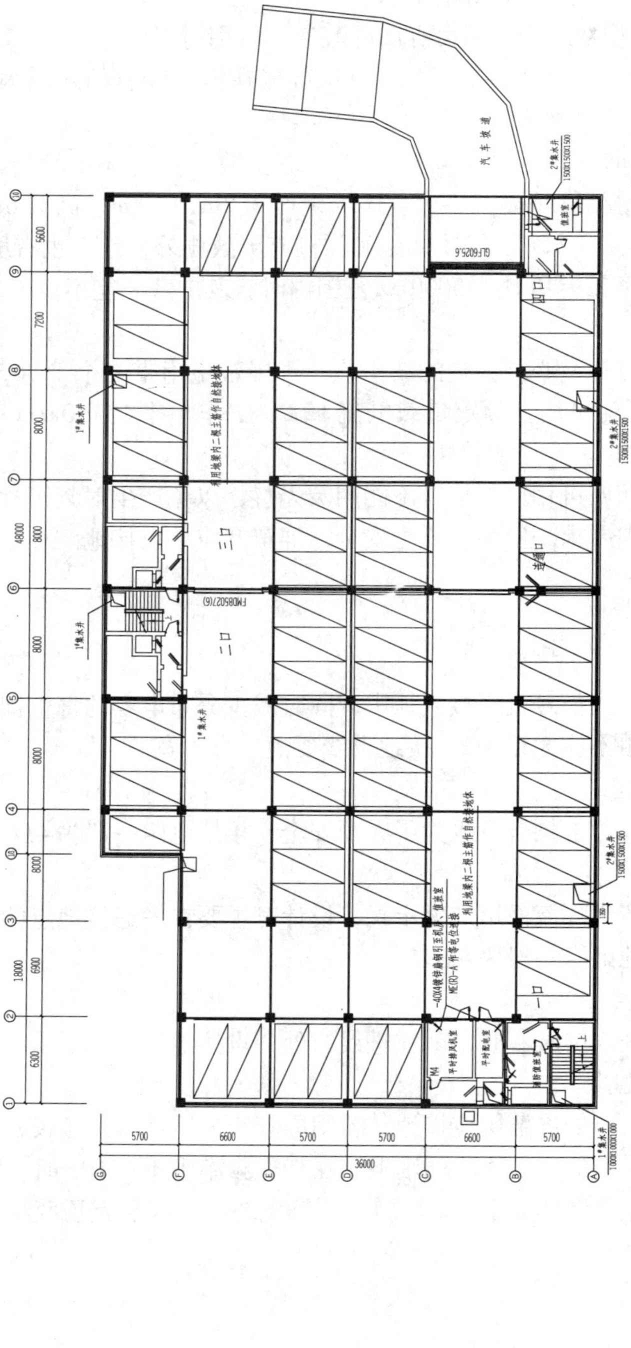

(a)地下车库接地平面图

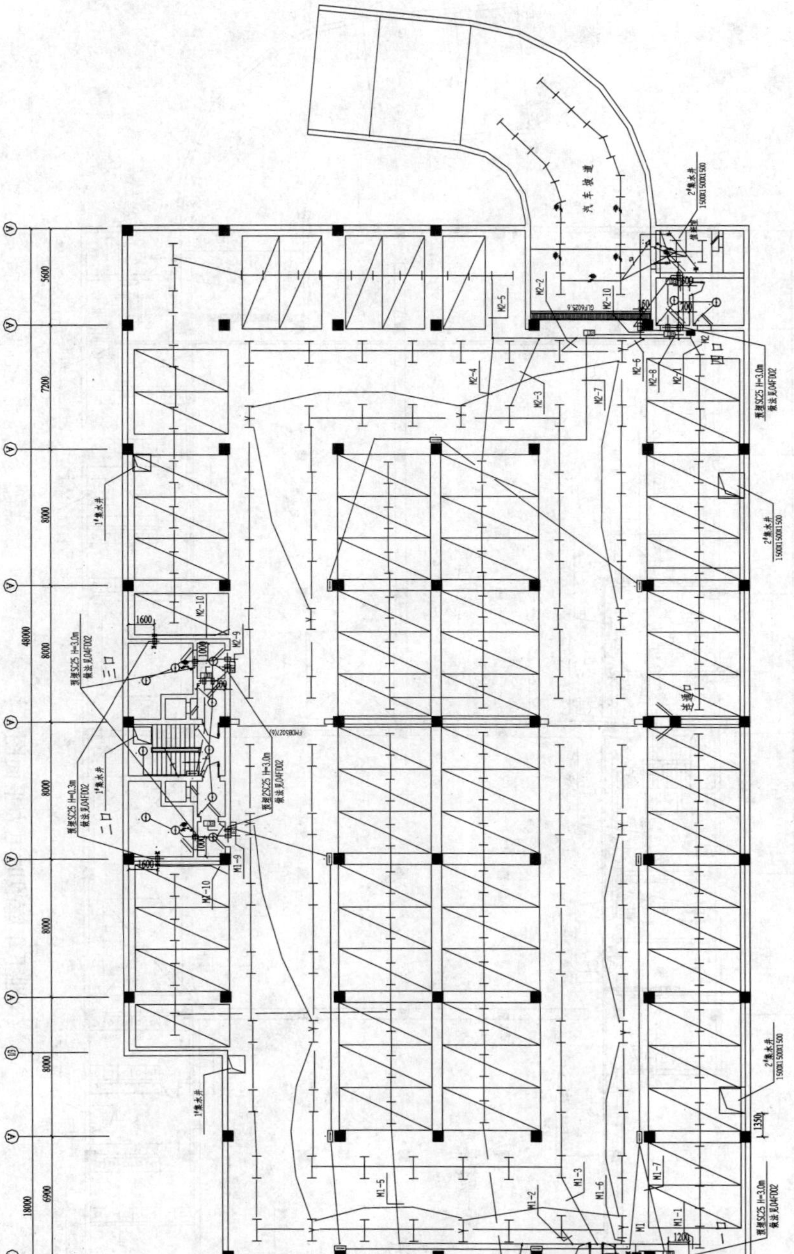

(b)地下车库平战时照明平面图

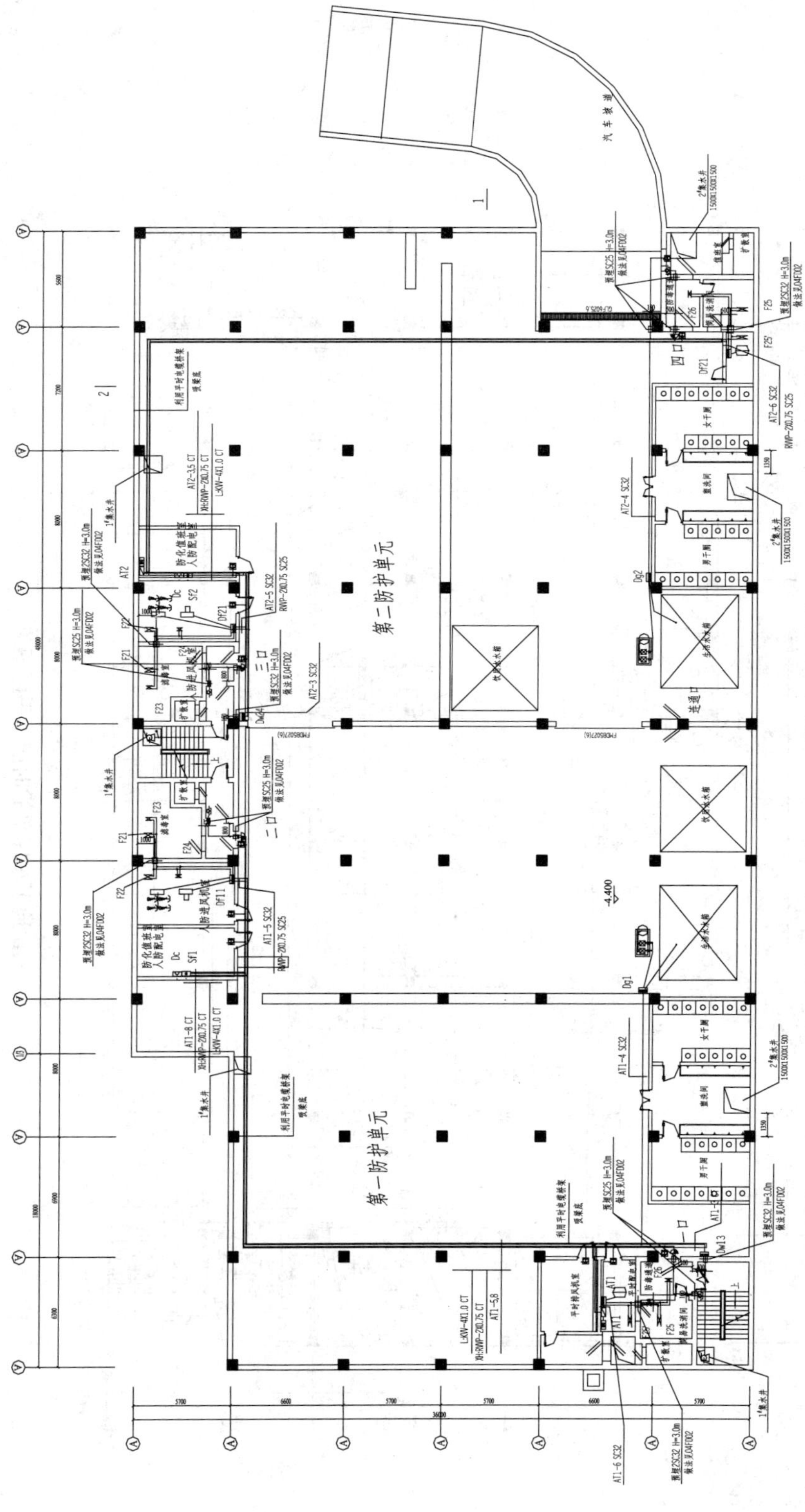

(c)地下车库战时电力平面图

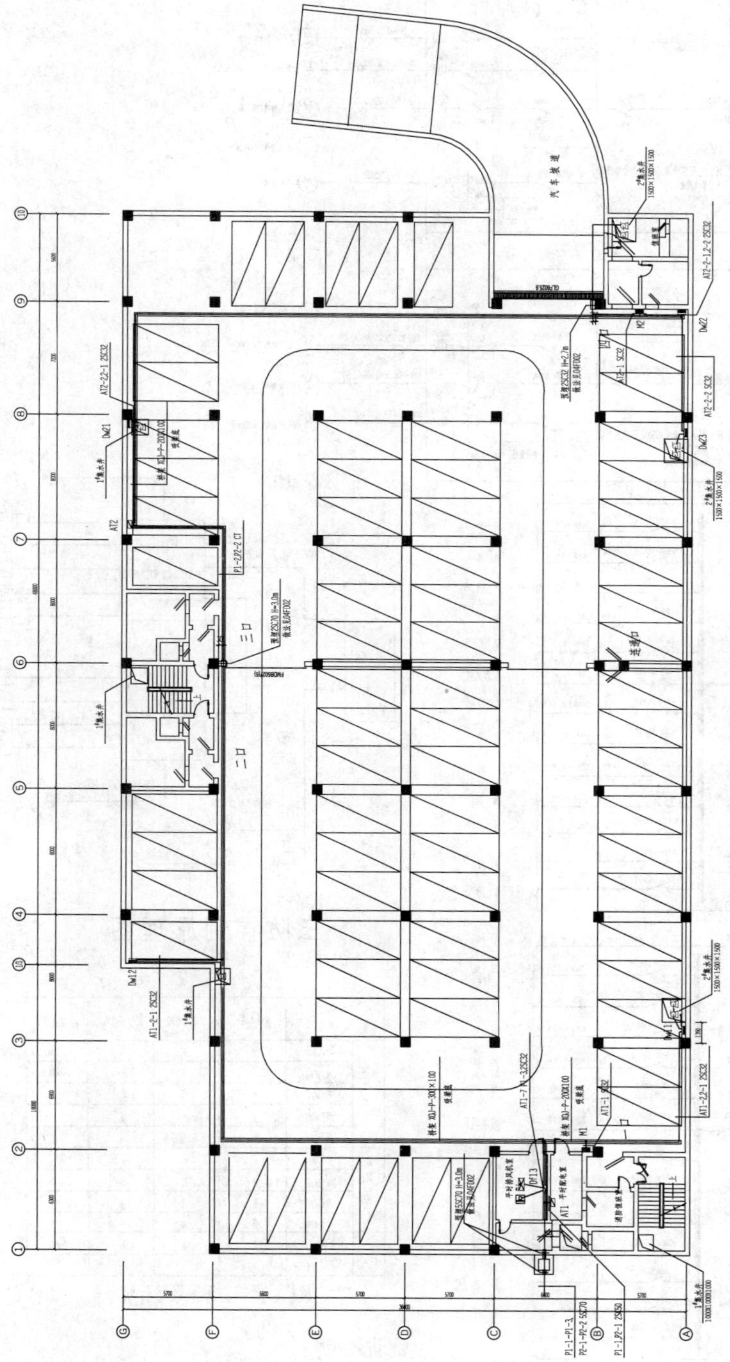

(d)地下车库平时电力平面图

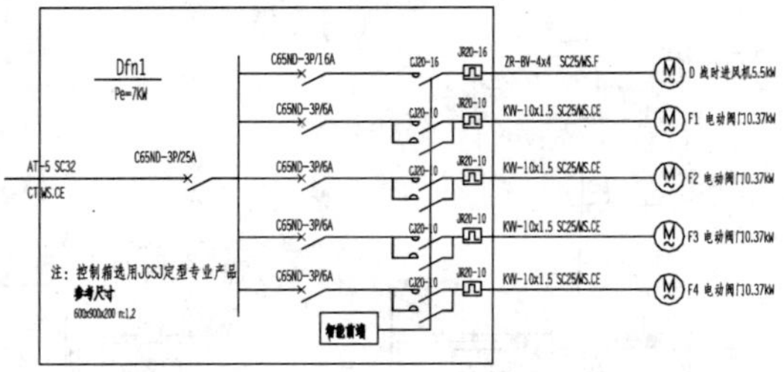

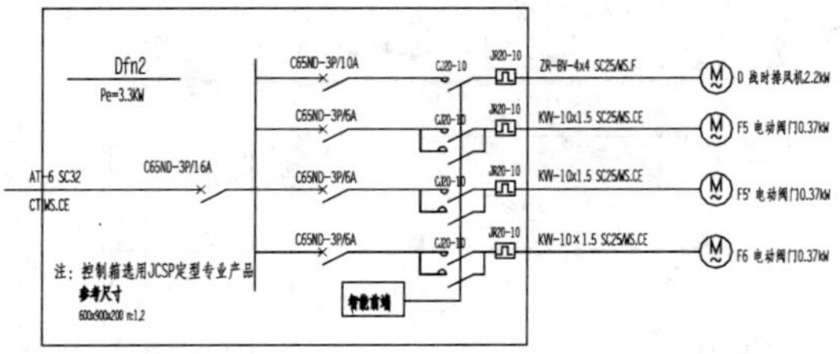

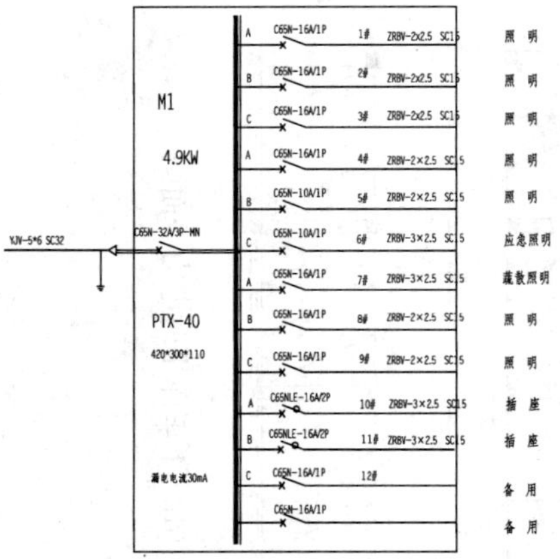

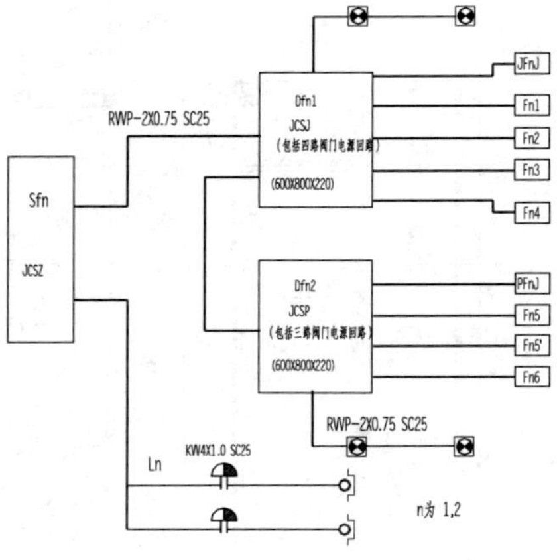

三防控制原理图

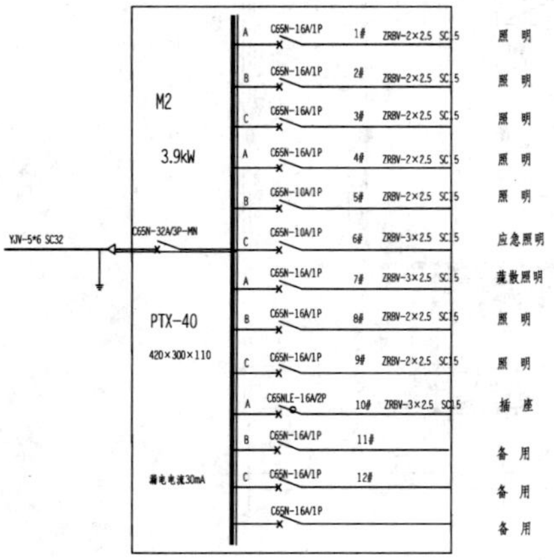

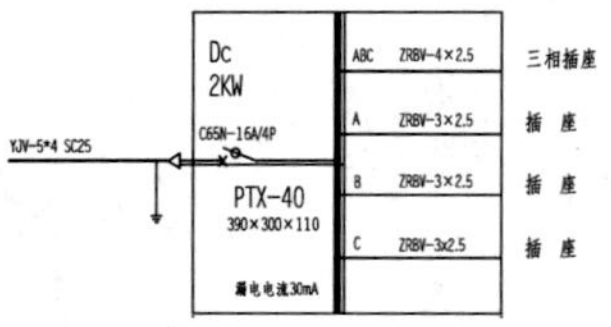

设备 \ 状态 \ 时段		清洁式通风	滤毒式通风	隔绝式通风	设备负荷
进风机室	进风机	开	开	关	5.5kW
	阀门Fn1	开	关	关	0.38kW
	阀门Fn2	开	关	关	"
	阀门Fn3	关	开	关	"
	阀门Fn4	关	开	关	"
排风机室	排风机	开	关	关	3kW
	阀门Fn5	开	关	关	0.38kW
	阀门Fn5'	开	关	关	"
	阀门Fn6	关	开	关	"
	污水泵Dw	开	开	关	2.2kW

风机、阀门、污水泵运行状态表

说　明：

1.在进风机房、排风机房各设一分控箱，控制该区域的阀门、风机的通风方式转换，同时接受所控制设备的动作信号。

2.在工程防化值班室内设一集中控制箱，其功能为：

(1)根据战时状态发出通风方式的声光信号。

(2)发出进风机房、排风机房及附属其他人防工程的分控箱的通风状态指令，接收设备的动作信号。

3.通风方式集中控制箱及分控箱，由厂家根据要求配套供货。

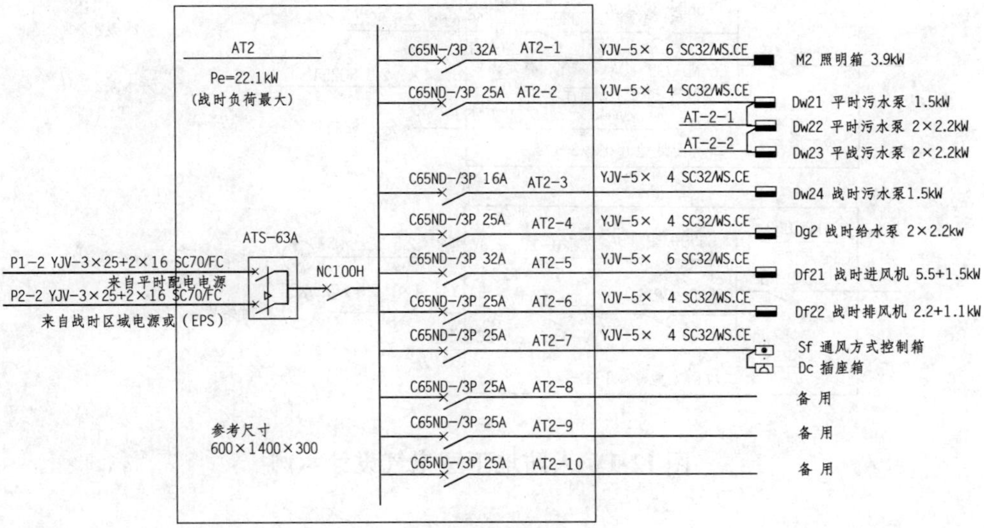
AT2
Pe=22.1kW
(战时负荷最大)
ATS-63A
P1-2 YJV-3×25+2×16 SC70/FC
来自平时配电电源
P2-2 YJV-3×25+2×16 SC70/FC
来自战时区域电源或(EPS)
NC100H
参考尺寸
600×1400×300
C65N-/3P 32A AT2-1 YJV-5× 6 SC32/WS.CE M2 照明箱 3.9kW
C65ND-/3P 25A AT2-2 YJV-5× 4 SC32/WS.CE
AT-2-1
AT-2-2
Dw21 平时污水泵 1.5kW
Dw22 平时污水泵 2×2.2kW
Dw23 平战污水泵 2×2.2kW
C65ND-/3P 16A AT2-3 YJV-5× 4 SC32/WS.CE Dw24 战时污水泵1.5kW
C65ND-/3P 25A AT2-4 YJV-5× 4 SC32/WS.CE Dg2 战时给水泵 2×2.2kw
C65ND-/3P 32A AT2-5 YJV-5× 6 SC32/WS.CE Df21 战时进风机 5.5+1.5kW
C65ND-/3P 25A AT2-6 YJV-5× 4 SC32/WS.CE Df22 战时排风机 2.2+1.1kW
C65ND-/3P 25A AT2-7 YJV-5× 4 SC32/WS.CE
Sf 通风方式控制箱
Dc 插座箱
C65ND-/3P 25A AT2-8 备用
C65ND-/3P 25A AT2-9 备用
C65ND-/3P 25A AT2-10 备用

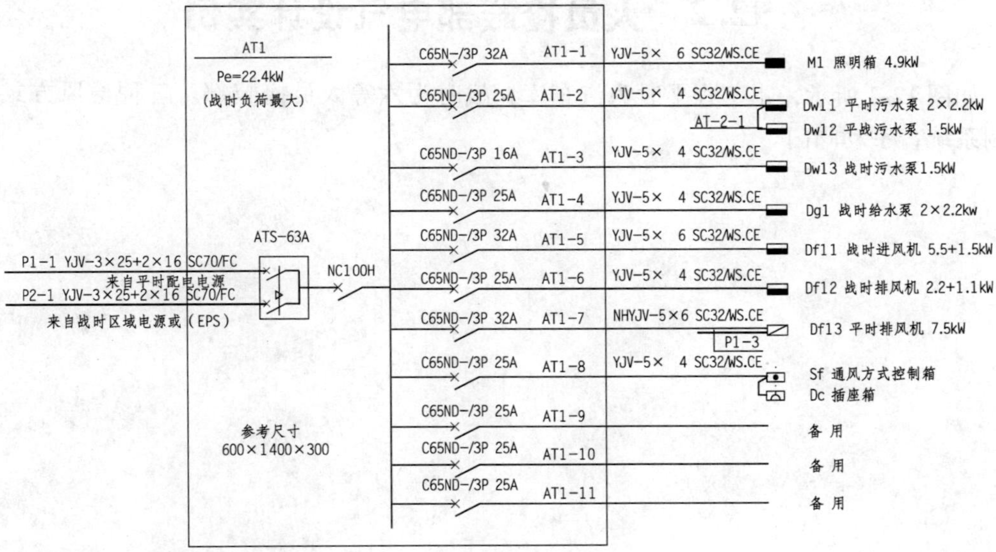
AT1
Pe=22.4kW
(战时负荷最大)
ATS-63A
P1-1 YJV-3×25+2×16 SC70/FC
来自平时配电电源
P2-1 YJV-3×25+2×16 SC70/FC
来自战时区域电源或(EPS)
NC100H
参考尺寸
600×1400×300
C65N-/3P 32A AT1-1 YJV-5× 6 SC32/WS.CE M1 照明箱 4.9kW
C65ND-/3P 25A AT1-2 YJV-5× 4 SC32/WS.CE
AT-2-1
Dw11 平时污水泵 2×2.2kW
Dw12 平战污水泵 1.5kW
C65ND-/3P 16A AT1-3 YJV-5× 4 SC32/WS.CE Dw13 战时污水泵1.5kW
C65ND-/3P 25A AT1-4 YJV-5× 4 SC32/WS.CE Dg1 战时给水泵 2×2.2kw
C65ND-/3P 32A AT1-5 YJV-5× 6 SC32/WS.CE Df11 战时进风机 5.5+1.5kW
C65ND-/3P 25A AT1-6 YJV-5× 4 SC32/WS.CE Df12 战时排风机 2.2+1.1kW
C65ND-/3P 32A AT1-7 NHYJV-5×6 SC32/WS.CE Df13 平时排风机 7.5kW
P1-3
C65ND-/3P 25A AT1-8 YJV-5× 4 SC32/WS.CE
Sf 通风方式控制箱
Dc 插座箱
C65ND-/3P 25A AT1-9 备用
C65ND-/3P 25A AT1-10 备用
C65ND-/3P 25A AT1-11 备用

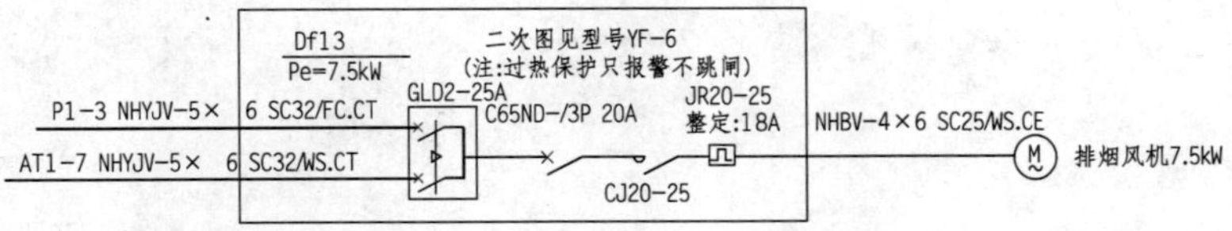
Df13
Pe=7.5kW
二次图见型号YF-6
(注:过热保护只报警不跳闸)
P1-3 NHYJV-5× 6 SC32/FC.CT
AT1-7 NHYJV-5× 6 SC32/WS.CT
GLD2-25A
C65ND-/3P 20A
JR20-25
整定:18A
CJ20-25
NHBV-4×6 SC25/WS.CE
排烟风机7.5kW

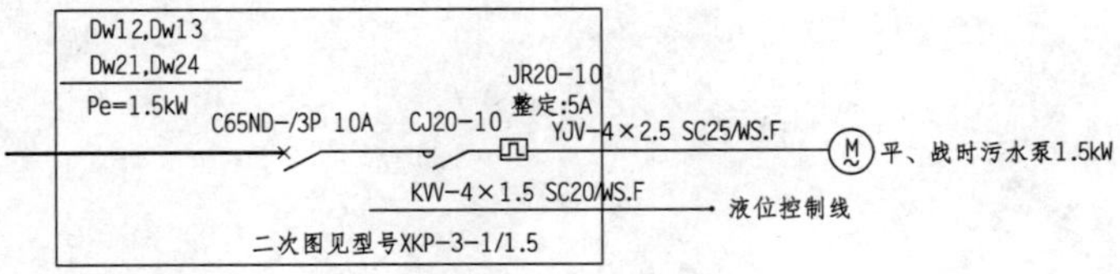
Dw12,Dw13
Dw21,Dw24
Pe=1.5kW
C65ND-/3P 10A
CJ20-10
JR20-10
整定:5A
YJV-4×2.5 SC25/WS.F
平、战时污水泵1.5kW
KVV-4×1.5 SC20/WS.F
液位控制线
二次图见型号XKP-3-1/1.5

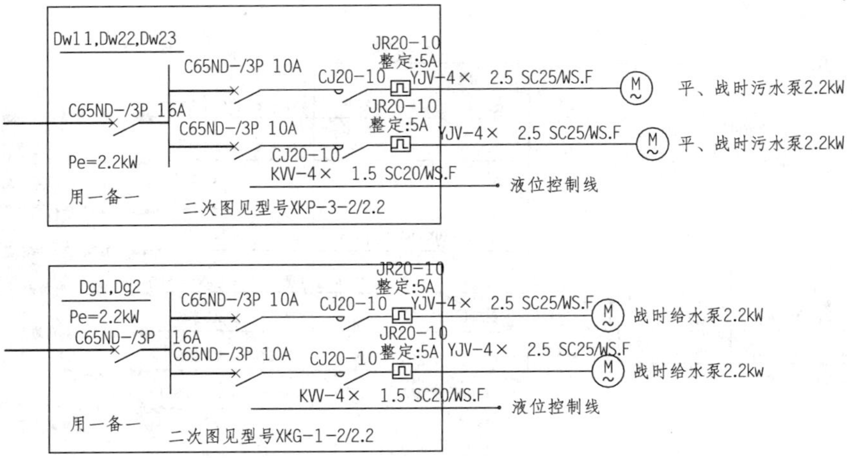

图 12-1 人防地下室电气设计示例

12.2 人员掩蔽部电气设计实例

如图 12-2 所示，本工程平时为汽车库，战时为六等人员掩蔽部。三种通风方式为手动控制系统，手动阀门。

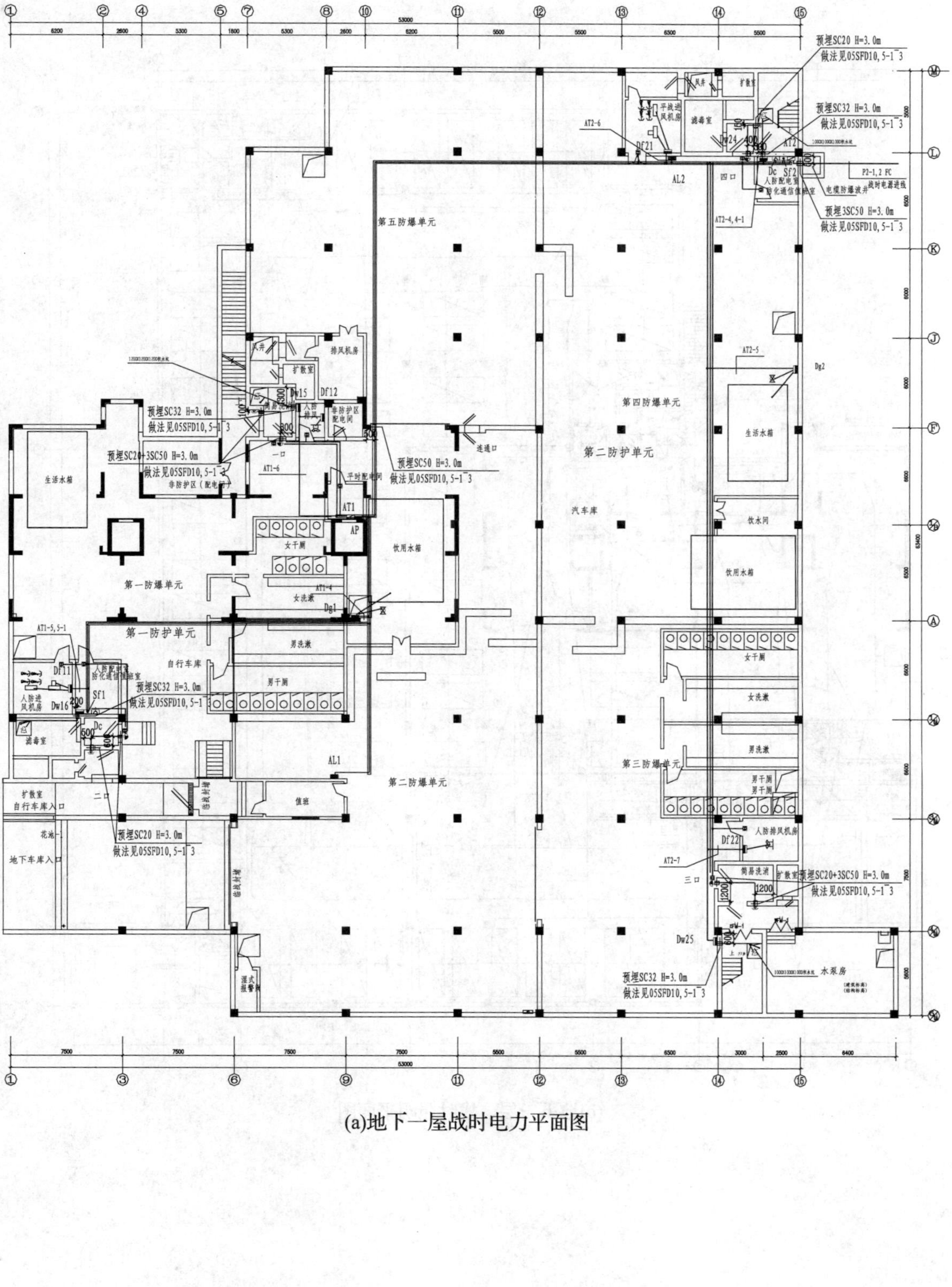

(a)地下一层战时电力平面图

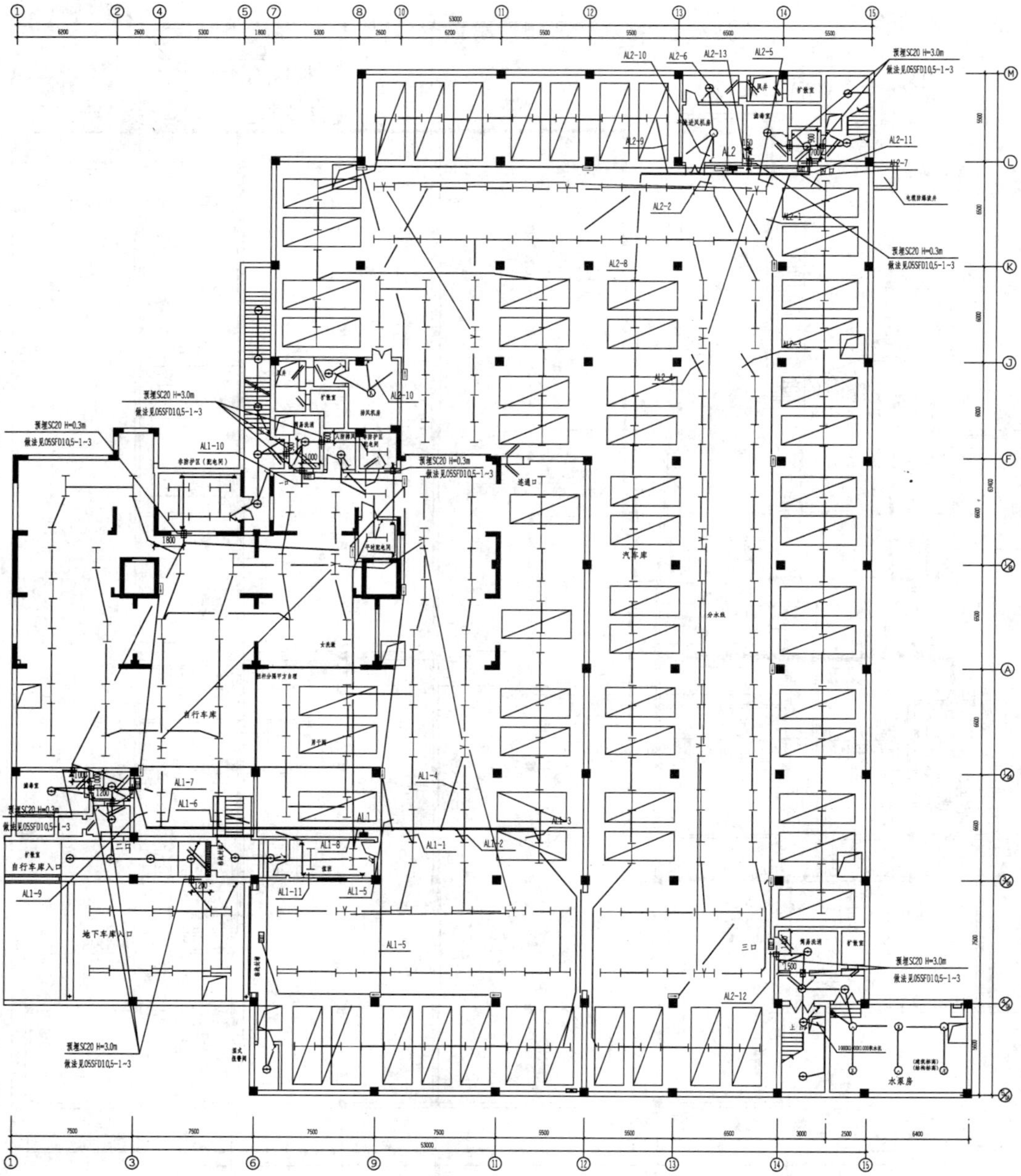

(b)地下一层、战时照明平面图

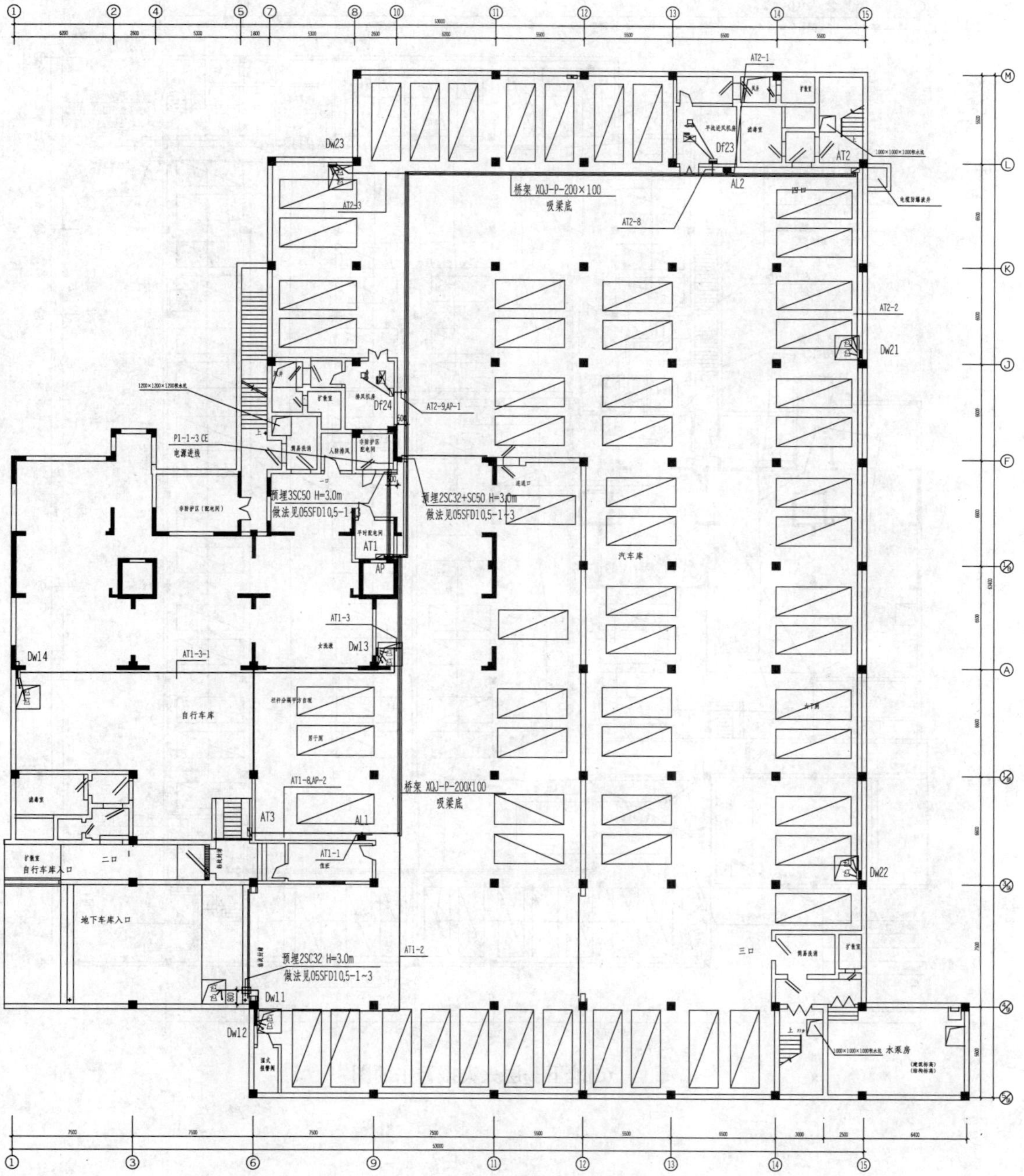

(c)地下一层平时电力平面图

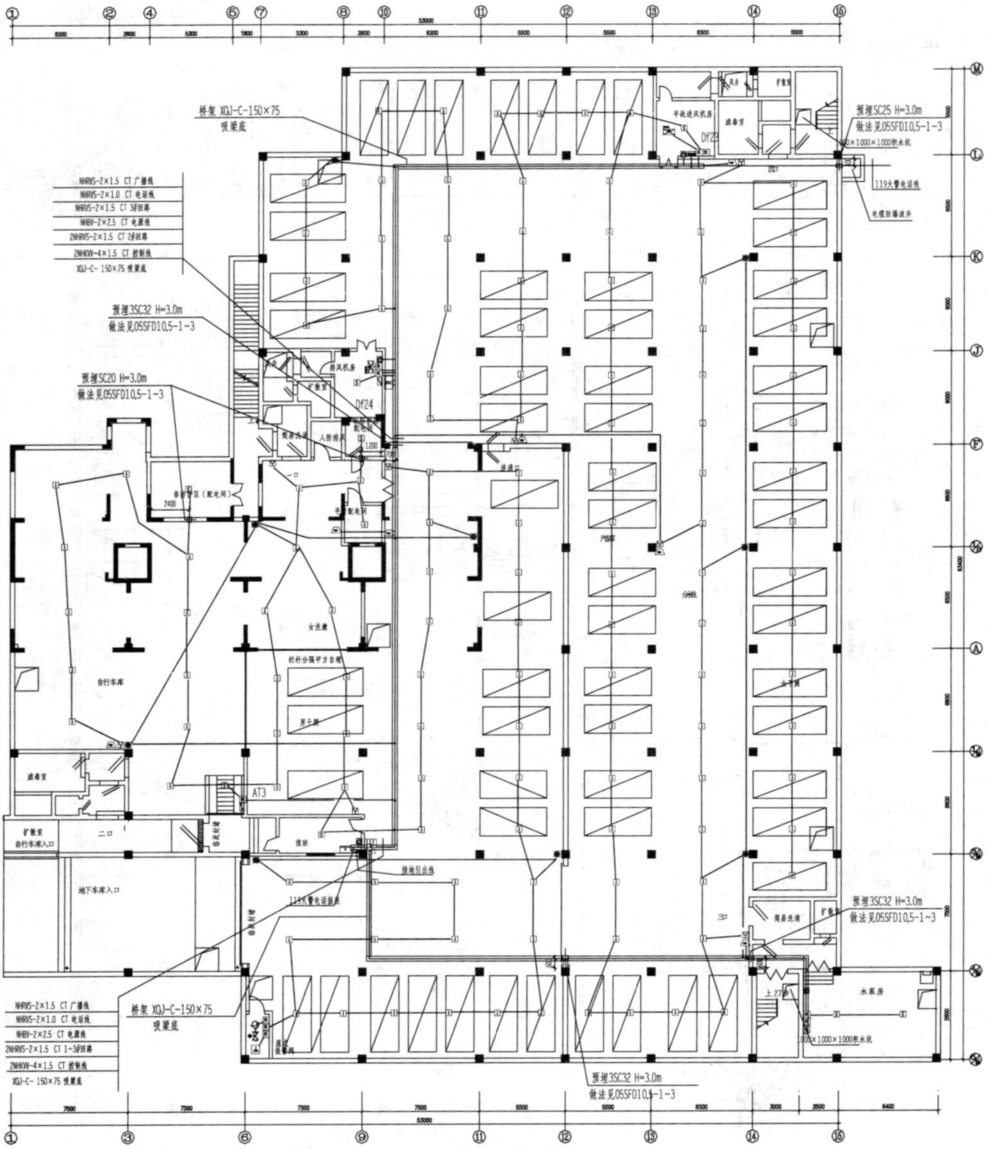

(d)地下一层火灾报警平面图

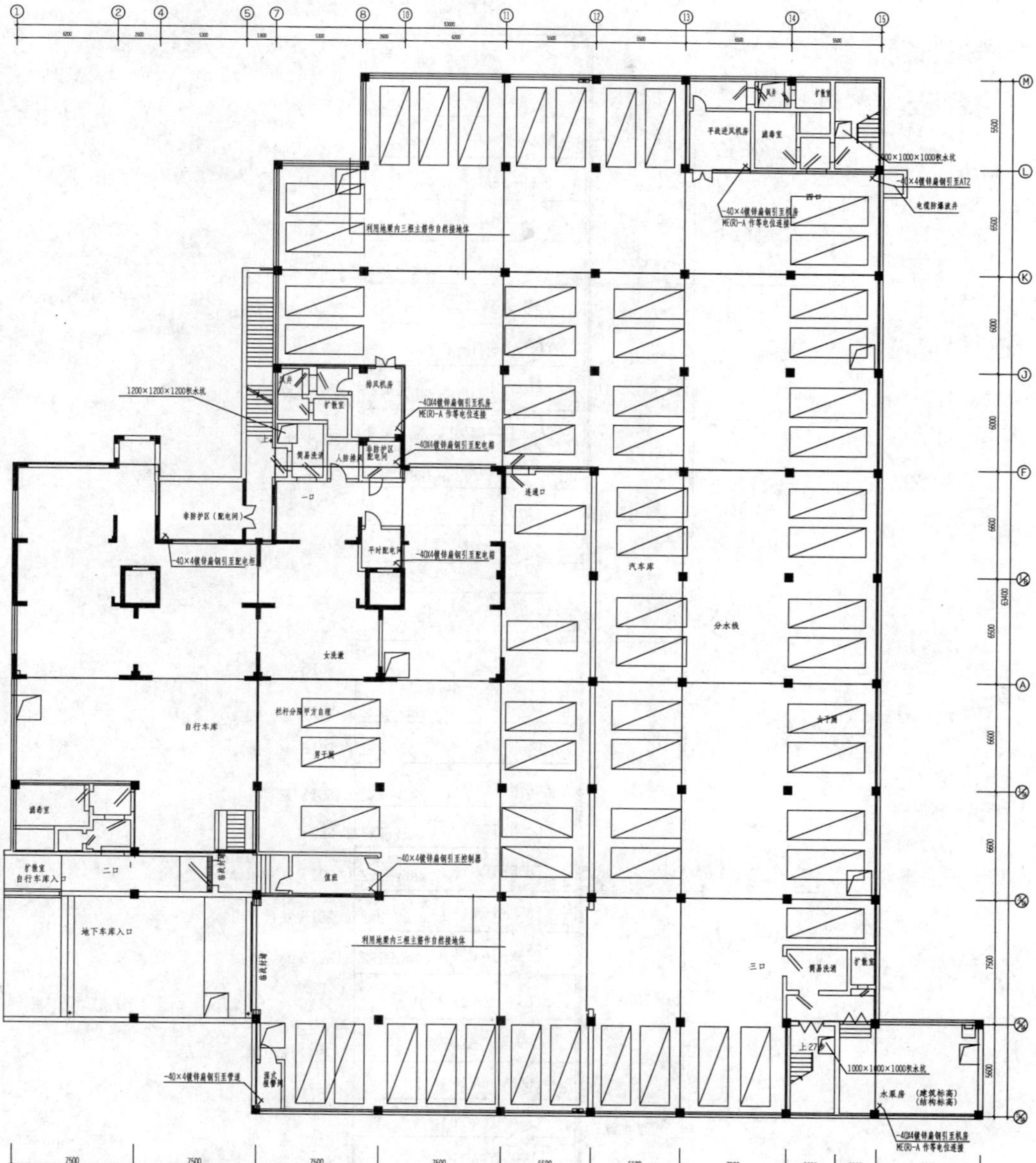
滤毒室
扩散室
平战进风机房
排风机房
人防排风
非防护区（配电间）
平时配电间
一口
二口
三口
四口
透通口
汽车库
分水线
自行车库
自行车库入口
地下车库入口
值班
男干厕
女干厕
简易洗消
水泵房
1200×1200×1200积水坑
1000×1000×1000积水坑
利用地梁内三根主筋作自然接地体
-40×4镀锌扁钢引至配电箱
-40×4镀锌扁钢引至管道
-40×4镀锌扁钢引至控制器
上27步

(e)地下一层接地平面图

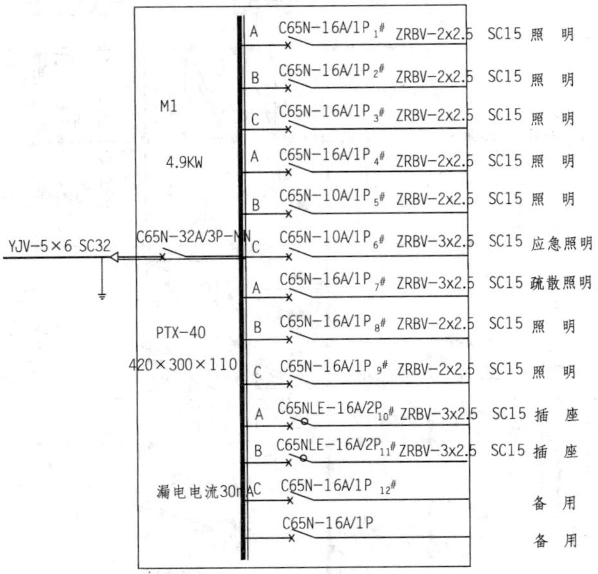
M1
4.9KW
PTX-40
420×300×110
漏电电流30mA
YJV-5×6 SC32
C65N-32A/3P-NN
A C65N-16A/1P 1# ZRBV-2x2.5 SC15 照 明
B C65N-16A/1P 2# ZRBV-2x2.5 SC15 照 明
C C65N-16A/1P 3# ZRBV-2x2.5 SC15 照 明
A C65N-16A/1P 4# ZRBV-2x2.5 SC15 照 明
B C65N-10A/1P 5# ZRBV-2x2.5 SC15 照 明
C C65N-10A/1P 6# ZRBV-3x2.5 SC15 应急照明
A C65N-16A/1P 7# ZRBV-3x2.5 SC15 疏散照明
B C65N-16A/1P 8# ZRBV-2x2.5 SC15 照 明
C C65N-16A/1P 9# ZRBV-2x2.5 SC15 照 明
A C65NLE-16A/2P 10# ZRBV-3x2.5 SC15 插 座
B C65NLE-16A/2P 11# ZRBV-3x2.5 SC15 插 座
C C65N-16A/1P 12# 备 用
C65N-16A/1P 备 用

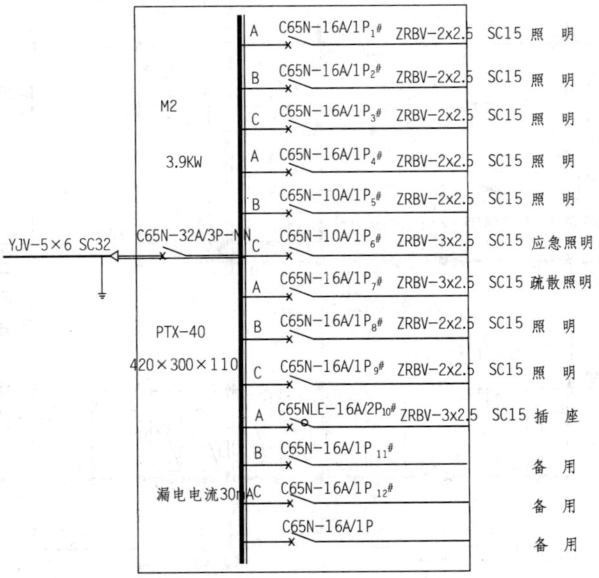
M2
3.9KW
PTX-40
420×300×110
漏电电流30mA
YJV-5×6 SC32
C65N-32A/3P-NN
A C65N-16A/1P1# ZRBV-2x2.5 SC15 照 明
B C65N-16A/1P2# ZRBV-2x2.5 SC15 照 明
C C65N-16A/1P3# ZRBV-2x2.5 SC15 照 明
A C65N-16A/1P4# ZRBV-2x2.5 SC15 照 明
B C65N-10A/1P5# ZRBV-2x2.5 SC15 照 明
C C65N-10A/1P6# ZRBV-3x2.5 SC15 应急照明
A C65N-16A/1P7# ZRBV-3x2.5 SC15 疏散照明
B C65N-16A/1P8# ZRBV-2x2.5 SC15 照 明
C C65N-16A/1P9# ZRBV-2x2.5 SC15 照 明
A C65NLE-16A/2P10# ZRBV-3x2.5 SC15 插 座
B C65N-16A/1P 11# 备 用
C C65N-16A/1P 12# 备 用
C65N-16A/1P 备 用

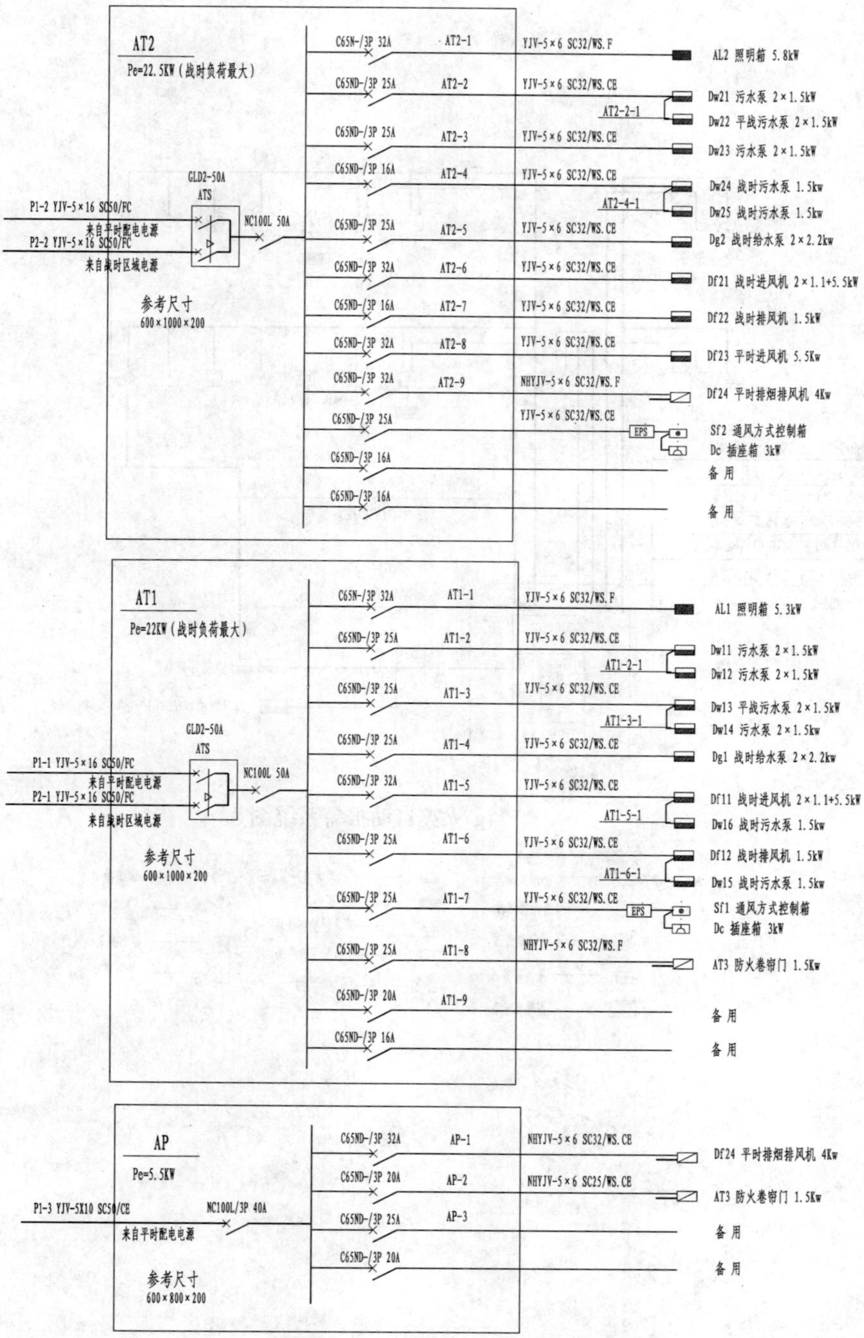
AT2
Pe=22.5KW（战时负荷最大）
P1-2 YJV-5×16 SC50/FC
来自平时配电电源
P2-2 YJV-5×16 SC50/FC
来自战时区域电源
GLD2-50A
ATS
NC100L 50A
参考尺寸
600×1000×200
C65N-/3P 32A AT2-1 YJV-5×6 SC32/WS.F AL2 照明箱 5.8kW
C65ND-/3P 25A AT2-2 YJV-5×6 SC32/WS.CE Dw21 污水泵 2×1.5kW
AT2-2-1 Dw22 平战污水泵 2×1.5kW
C65ND-/3P 25A AT2-3 YJV-5×6 SC32/WS.CE Dw23 污水泵 2×1.5kW
C65ND-/3P 16A AT2-4 YJV-5×6 SC32/WS.CE Dw24 战时污水泵 1.5kw
AT2-4-1 Dw25 战时污水泵 1.5kw
C65ND-/3P 25A AT2-5 YJV-5×6 SC32/WS.CE Dg2 战时给水泵 2×2.2kw
C65ND-/3P 32A AT2-6 YJV-5×6 SC32/WS.CE Df21 战时进风机 2×1.1+5.5kW
C65ND-/3P 16A AT2-7 YJV-5×6 SC32/WS.CE Df22 战时排风机 1.5kW
C65ND-/3P 32A AT2-8 YJV-5×6 SC32/WS.CE Df23 平时进风机 5.5Kw
C65ND-/3P 32A AT2-9 NHYJV-5×6 SC32/WS.F Df24 平时排烟排风机 4Kw
C65ND-/3P 25A YJV-5×6 SC32/WS.CE
EPS
Sf2 通风方式控制箱
Dc 插座箱 3kW
C65ND-/3P 16A 备用
C65ND-/3P 16A 备用
AT1
Pe=22KW（战时负荷最大）
P1-1 YJV-5×16 SC50/FC
来自平时配电电源
P2-1 YJV-5×16 SC50/FC
来自战时区域电源
GLD2-50A
ATS
NC100L 50A
参考尺寸
600×1000×200
C65N-/3P 32A AT1-1 YJV-5×6 SC32/WS.F AL1 照明箱 5.3kW
C65ND-/3P 25A AT1-2 YJV-5×6 SC32/WS.CE Dw11 污水泵 2×1.5kW
AT1-2-1 Dw12 污水泵 2×1.5kW
C65ND-/3P 25A AT1-3 YJV-5×6 SC32/WS.CE Dw13 平战污水泵 2×1.5kW
AT1-3-1 Dw14 污水泵 2×1.5kW
C65ND-/3P 25A AT1-4 YJV-5×6 SC32/WS.CE Dg1 战时给水泵 2×2.2kw
C65ND-/3P 32A AT1-5 YJV-5×6 SC32/WS.CE Df11 战时进风机 2×1.1+5.5kW
AT1-5-1 Dw16 战时污水泵 1.5kw
C65ND-/3P 25A AT1-6 YJV-5×6 SC32/WS.CE Df12 战时排风机 1.5kW
AT1-6-1 Dw15 战时污水泵 1.5kw
C65ND-/3P 25A AT1-7 YJV-5×6 SC32/WS.CE
EPS
Sf1 通风方式控制箱
Dc 插座箱 3kW
C65ND-/3P 25A AT1-8 NHYJV-5×6 SC32/WS.F AT3 防火卷帘门 1.5Kw
C65ND-/3P 20A AT1-9 备用
C65ND-/3P 16A 备用
AP
Pe=5.5KW
P1-3 YJV-5X10 SC50/CE
来自平时配电电源
NC100L/3P 40A
参考尺寸
600×800×200
C65ND-/3P 32A AP-1 NHYJV-5×6 SC32/WS.CE Df24 平时排烟排风机 4Kw
C65ND-/3P 20A AP-2 NHYJV-5×6 SC25/WS.CE AT3 防火卷帘门 1.5Kw
C65ND-/3P 25A AP-3 备用
C65ND-/3P 20A 备用

(f)电气系统图

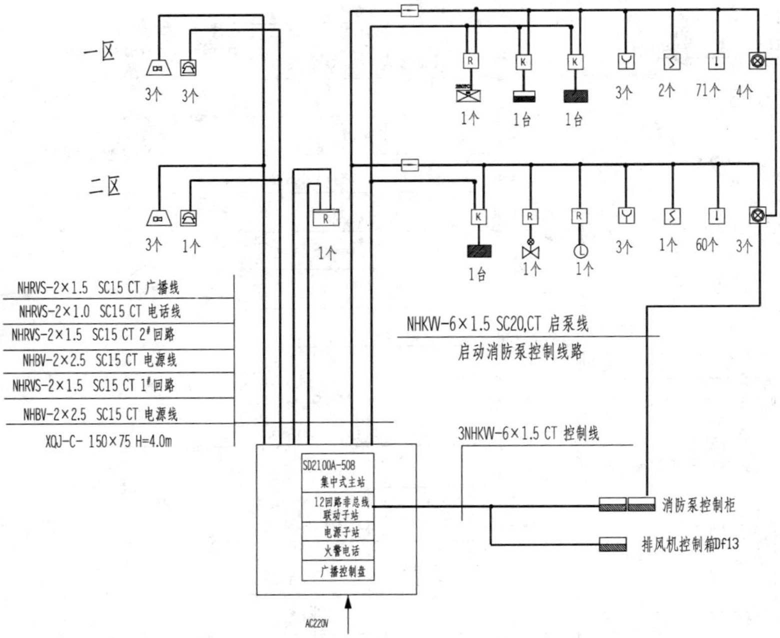

一区
3个 3个
1个 1台 1台
3个 2个 71个 4个
二区
3个 1个
1个
1台 1个 1个
3个 1个 60个 3个
NHRVS-2×1.5 SC15 CT 广播线
NHRVS-2×1.0 SC15 CT 电话线
NHRVS-2×1.5 SC15 CT 2#回路
NHBV-2×2.5 SC15 CT 电源线
NHRVS-2×1.5 SC15 CT 1#回路
NHBV-2×2.5 SC15 CT 电源线
XQJ-C- 150×75 H=4.0m
NHKW-6×1.5 SC20,CT 启泵线
启动消防泵控制线路
3NHKW-6×1.5 CT 控制线
SD2100A-508
集中式主站
12回路非总线联动子站
电源子站
火警电话
广播控制盘
消防泵控制柜
排风机控制箱Df13
AC220V

(g)火灾自动报警系统图

图例
感烟探测器
感温探测器
手动报警器
总线隔离器
报警复示器
动力箱
照明箱
消火栓按钮模块
报警音响广播
280° 防火阀
水流指示计
信号阀
输出控制模块
输入模块

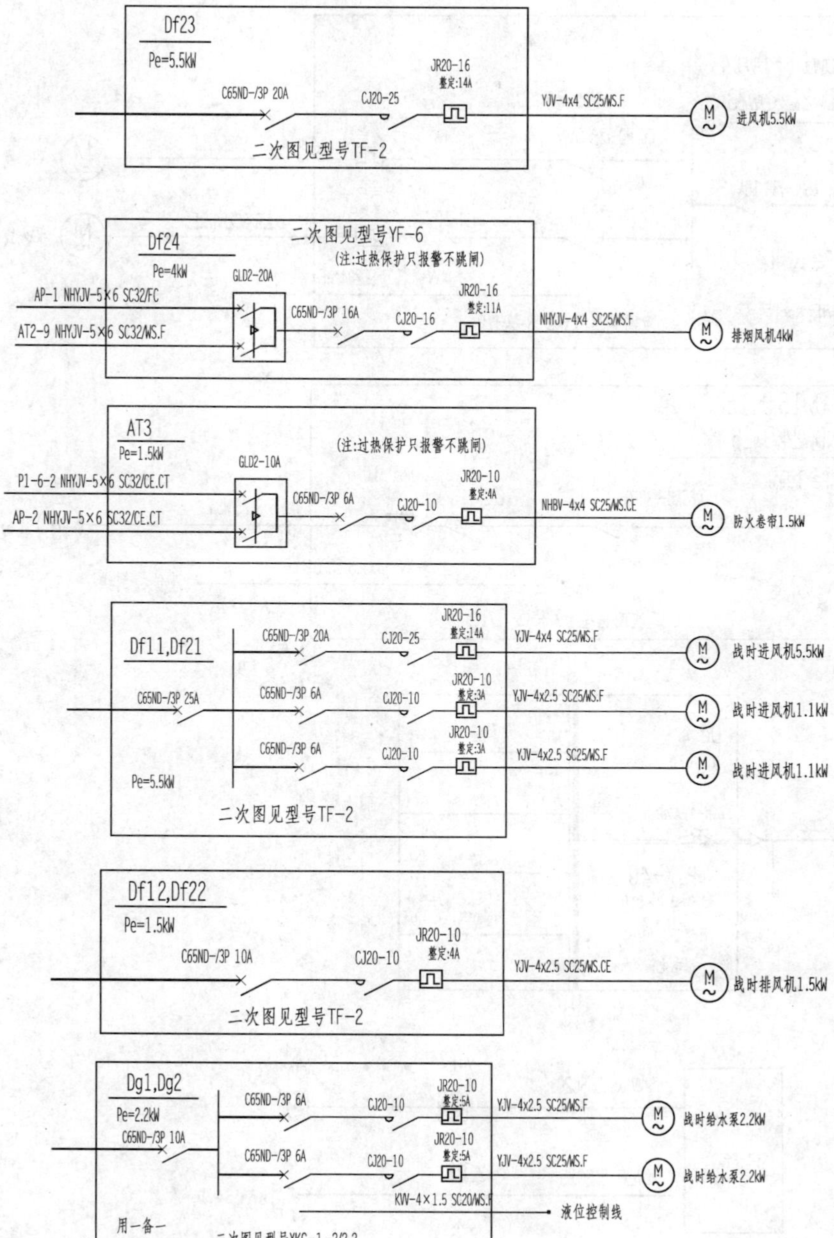
Df23
Pe=5.5kW
C65ND-/3P 20A
CJ20-25
JR20-16
整定:14A
YJV-4x4 SC25/WS.F
M
进风机5.5kW
二次图见型号TF-2
Df24
二次图见型号YF-6
(注:过热保护只报警不跳闸)
Pe=4kW
GLD2-20A
AP-1 NHYJV-5×6 SC32/FC
AT2-9 NHYJV-5×6 SC32/WS.F
C65ND-/3P 16A
CJ20-16
JR20-16
整定:11A
NHYJV-4x4 SC25/WS.F
排烟风机4kW
AT3
Pe=1.5kW
(注:过热保护只报警不跳闸)
GLD2-10A
P1-6-2 NHYJV-5×6 SC32/CE.CT
AP-2 NHYJV-5×6 SC32/CE.CT
C65ND-/3P 6A
CJ20-10
JR20-10
整定:4A
NHBV-4x4 SC25/WS.CE
防火卷帘1.5kW
Df11,Df21
C65ND-/3P 25A
C65ND-/3P 20A
CJ20-25
JR20-16
整定:14A
YJV-4x4 SC25/WS.F
战时进风机5.5kW
C65ND-/3P 6A
CJ20-10
JR20-10
整定:3A
YJV-4x2.5 SC25/WS.F
战时进风机1.1kW
C65ND-/3P 6A
CJ20-10
JR20-10
整定:3A
YJV-4x2.5 SC25/WS.F
战时进风机1.1kW
Pe=5.5kW
二次图见型号TF-2
Df12,Df22
Pe=1.5kW
C65ND-/3P 10A
CJ20-10
JR20-10
整定:4A
YJV-4x2.5 SC25/WS.CE
战时排风机1.5kW
二次图见型号TF-2
Dg1,Dg2
Pe=2.2kW
C65ND-/3P 10A
C65ND-/3P 6A
CJ20-10
JR20-10
整定:5A
YJV-4x2.5 SC25/WS.F
战时给水泵2.2kW
C65ND-/3P 6A
CJ20-10
JR20-10
整定:5A
YJV-4x2.5 SC25/WS.F
战时给水泵2.2kW
KW-4×1.5 SC20/WS.F
液位控制线
用一备一
二次图见型号XKG-1-2/2.2

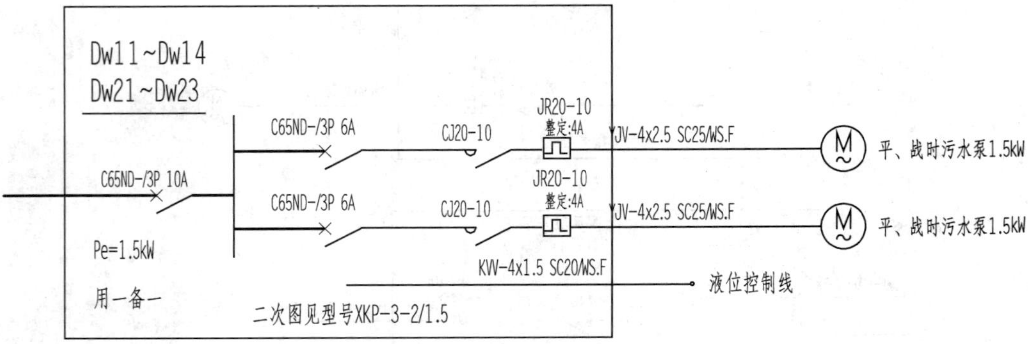

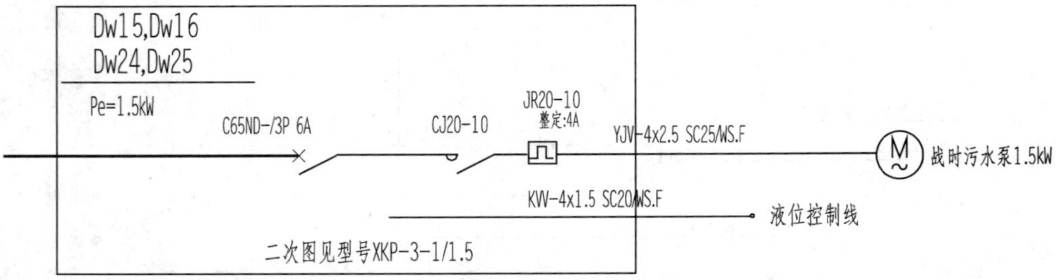

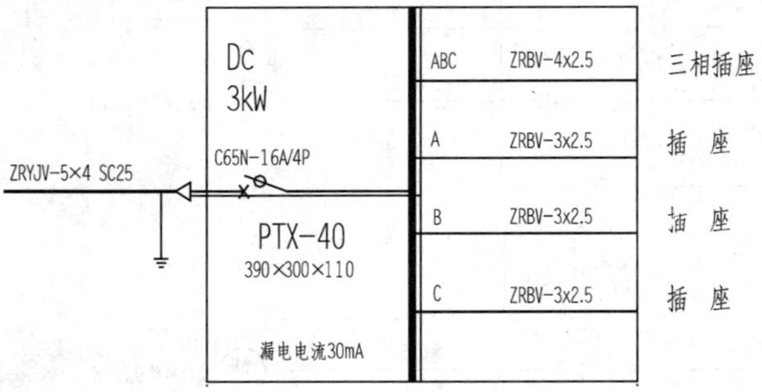

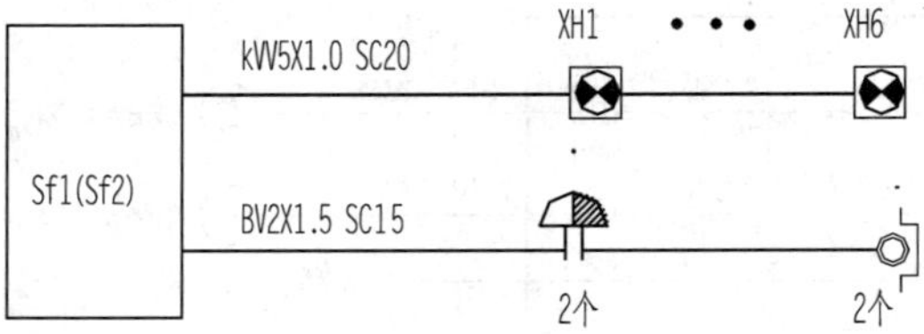

(h)通风方式控制信号原理图

图 12-2 人员掩蔽部电气设计示例

附录A 防空地下室设计文件编制要求（电气）

防空地下室各阶段设计与项目设计同步进行，一般分初步设计、施工图设计两个阶段，各专业应协同处理好防护、密闭、口部设置、平战转换、设备安装等重要问题。对大型和重要的防空地下室工程，在初步设计前，应进行工程项目的可行性研究及方案优选；对小型工程可以方案设计代替初步设计。

防空地下室设计各阶段设计文件的主要组成包括：

初步设计阶段：设计说明书（人防专篇）、设计图纸、主要设备及材料表和概算。

施工图阶段：设计说明书（人防专篇）、设计图纸、计算书、选用的标准设计、主要设备及材料表和施工图预算。

A.1 防空地下室电气方案设计

防空地下室方案设计说明书中应初定电源。

A.2 防空地下室电气专业初步设计说明

防空地下室电气专业初步设计说明应载明下列内容：

1）电源概况。

2）平时战时电力负荷。

3）供电系统概述。

4）人防弱电、电气防护、平战转换。

A.3 防空地下室电气专业初步设计

防空地下室电气专业初步设计图纸主要由电力与照明系统图、人防弱电系统图、电气防护设计图等组成。

1）电力与照明系统图：绘制防空地下室平时、战时电力与照明系统，系统图应标明主要设备与导线编号、容量、型号规格及用户名称。

2）人防弱电系统图。

3）电气防护设计图：电气的密闭与防护。

A.4 防空地下室电气专业施工图说明

防空地下室电气专业施工图应说明下列内容：

1）电源选择和引入方式，用电负荷，导线选型和敷设方式，接地、接零等主要技术措施。

2）供电、电气系统及控制系统运行的基本要求，维护管理时应注意的事项，平战功能转换主要技术措施等。

3）主要设备的选用，管线、设备的安装、防腐、防护等方面要求。

4）有关弱电设计说明。

5）设计中所采用的图例、符号说明及设备材料表等。

A.5 防空地下室电气专业施工图设计

防空地下室电气专业施工图纸主要由电力平面图、系统图、原理图、安装图、电气照明图、人防弱电施工图、平战转换设计图等组成。

(1) 电力平面图

1）绘出建筑物门窗洞、轴线、主要尺寸、进出线及防护密闭穿墙管的位置。

2）配电箱、开关、启动器、线路及接地平面布置，建筑物内防护及密闭穿墙管的平面布置，并注明配电箱型号、规格，保护管管径、安装高度和敷设方式。

3）引用标准安装图、编号、页次、施工说明。

(2) 系统图

用单线绘制，标出配电箱、开关、熔断器、导线规格、保护管管径和敷设方式、用电设备名称及容量等。

(3) 控制原理图

自控、连锁及信号装置等二次接线图或标准图，照明控制原理图和特殊照明装置安装图，信号、控制、继电保护屏内元件布置图、接线图、外引接线端子板图等。

(4) 安装图

特殊设备应绘制安装图，非标准件应绘制安装图，并列出设备材料明细表。

(5) 电气照明图

1）配电箱、灯具开关、插座、线路等平面布置及标高，设备数量，安装形式等。

2）线路走向、引入线规格、容量等。

(6) 人防弱电施工图

1）广播、火警、电视、通信、信号等设计。①各种站内设备平面布置图；②各种弱电设备系统图及设备间线路连接图；③三种通风方式信号原理图；④各种弱电设备交、直流供电系统图；⑤其他非标准设备电气原理图、控制方式图、安装大样图等；⑥各弱电设备控制室平、剖面布置图；⑦局部详图及索引、引用标准图的编号、页次、施工说明等。

2）要求各弱电设备根据各自平时、战时不同的使用要求，应在有关图纸中说明采取防震的主要技术措施。

所有弱电设备的管线在穿越防护结构时，均应采取防护密闭措施，不得遗留到临战时加固改造。

附录B 防空地下室设计文件审查要点（电气）

防空地下室作为人防工程的重要组成部分，在战时起着不可估量的作用。防空地下室的建设质量好坏，在设计环节起着至关重要的作用，设计不合格，防空地下室建设质量更无从谈起，与地面建筑设计相比，防空地下室设计有许多特殊要求。

B.1 供电系统的组成

供电系统一般由电源、低压配电屏、动力配电箱，双电源自动切换器等组成。

（1）电源

通常有内电源和外电源两种。内电源通常指设在工程内部的柴油发电机组。外电源指电力系统电源，可分为高压电源和低压电源。高压电源一般为10kV电源等级。在容量和负荷力矩得到满足情况下，也可直接引入380/220V低压电源，直接引入低压配电屏。

（2）低压配电屏

低压配电屏上装有必需的开关、保护设备和监视仪表，对整个供电系统的运行操作、控制、保护和监视。电源经配电屏分成若干个分支对用电负荷供电。

（3）动力配电箱

动力配电箱是对工程内的各种通风、给排水等动力用电设备供电的主要装置，一般设在动力设备较集中处。

（4）照明配电箱

照明配电箱是供工程内部照明灯具用电的装置，箱中装有若干开关和熔断器，以便向照明灯具供电和保持线路安全。

（5）双电源自动切换器

为保证工程内部重要负荷的不断供电，通常采用双电源单回路电源侧自动切换或双电源双回路负荷侧自动切换。

B.2 电力负荷分级

防空地下室战时的电力负荷分级，应符合下列规定：

1）一级负荷：中断供电将影响指挥、通信、警报的正常工作；中断供电将危及人员的生命安全；不允许中断供电的重要用电设备；中断供电将造成人员秩序严重混乱或恐慌。

2）二级负荷：中断供电将影响指挥、通信、警报和防空专业队的正常工作；中断供电将影响人员生存环境。

3）三级负荷：不属于一、二级负荷的各项负荷。

B.3 供配电系统

（1）供电系统

电源。防空地下室根据其规模应有一路或二路电力系统电源（外电源）外，还应有内电源或区域电源，以保证战时外电源中断后，仍能正常使用。但从经济角度考虑，内电源成本较高，而外电源（电力系统电源）容量大，电压稳定，使用方便、经济，所以无论平时还是战时，只要电力系统电源正常，防空地下室应尽量使用电力系统电源。

（2）配电系统

配电系统是工程供电设计的核心，应以保证平时和战时的一、二级负荷为原则。

1）高压系统。引入两路独立的10kV市电的高压系统，分供两台变压器，每台变压器分供总计算负荷的50%，两电源同时投入运行，使电源处于最经济的运行状态，比用一备一的系统节省投资。

2）低压系统。对于建筑面积较大的工程，除总配电室外根据各防护单元下设分配室，以减少主配电回路，便于平时管理。

3）控制系统。平时设备的控制：宜采用自动或程序动作的联动控制，如柴油发电机组的自启动，消防系统的联动控制，但也应设置设备的手动控制和值班室集中控制台，便于平时设备的管理和操作。战时设备的控制：在地面遭受核武器、化学武器或生物武器袭击时，人防工程内部根据不同的时限，采用不同的通风方式；根据不同的通风方式控制不同的阀门开启和关闭，并应设音响灯光信号，给室内人员明显的指示和警戒。音响灯光信号箱位置应设在风机室、值班室、人员主要出入口密闭门内侧，在防护密闭门外应设呼唤音响按钮，音响装置设在值班室内。

B.4 照明设计

照明可分为工作照明和应急照明。

工作照明：维持正常工作（营业）的人工照明。

应急照明：在事故情况下，保证人员安全疏散和维持秩序的照明，它由疏散照明、安全照明和备用照明组成。从正常照明电源发生故障停电至应急照明自动投入的时间，安全照明不应超过0.5s，疏散照明和备用照明不应超过15s。

每个防护单元应有独立的照明回路，并宜采用两回路供电。

参考文献

[1] 人民防空地下室设计规范 GB 50038—2005
[2] 人民防空地下室设计规范图示—05SFD10.
[3] 孙成群. 简明建筑电气工程师数据手册. 北京：中国建筑工业出版社，2004
[4] 陈志龙. 人民防空工程技术与管理. 北京：中国建筑工业出版社，2004
[5] 林琅. 现代建筑电气技术资质考试复习问答. 北京：中国电力出版社，2002